Erhärtung und Korrosion der Zemente

Neue physikalisch-chemische Untersuchungen über
das Abbinde-, Erhärtungs- und Korrosionsproblem

von

Dr. Karl E. Dorsch

Privatdozent für chemische Technologie an der Technischen Hochschule
zu Karlsruhe in Baden

Mit 76 Textabbildungen

Springer-Verlag Berlin Heidelberg GmbH 1932

ISBN 978-3-662-32189-8   ISBN 978-3-662-33016-6 (eBook)
DOI 10.1007/978-3-662-33016-6

Vorwort.

Die in diesem Buch veröffentlichten Arbeiten über das Abbinden, die Erhärtung und Korrosion der Zemente sind ein kleiner Beitrag zur Erforschung der Chemie der Zemente. Sie enthalten eine Reihe von neuen Beobachtungen und Tatsachen und sollen dem Leser zeigen, wo heute ungefähr die Zementchemie steht und an welchen Problemen sie arbeitet, und daß auf diesem leider so vernachlässigten Gebiete chemischer Technologie noch riesige technische und wissenschaftliche Aufgaben zu erledigen sind.

Die experimentellen Arbeiten wurden im chemisch-technischen Institut und im Institut für Beton und Eisenbeton der Technischen Hochschule zu Karlsruhe durchgeführt. Herrn Prof. Dr. Askenasy sowie Herrn Prof. Dr. E. Probst möchte ich an dieser Stelle für ihre Unterstützung und Ratschläge bei der Ausführung der Arbeiten meinen herzlichsten Dank aussprechen.

Karlsruhe, Technische Hochschule,
im Oktober 1931.

Dr. K. E. Dorsch.

Inhaltsverzeichnis.

I. Einige Untersuchungen über das Abbinden und Erhärten des Zements.

Einleitung.

Wenn man Zementpulver mit Wasser zu einem Brei anmacht, so erstarrt dieser nach einiger Zeit. Den Zustand vom Beginn des Festwerdens bis zur völligen Erstarrung des Breies bezeichnet man als Abbinden, den Zustand nach dem Erstarren als Erhärtung. Die chemischen Vorgänge beim Abbinden und Erhärten der Zemente sind heute noch nicht genau bekannt. Zwar haben zahlreiche Forscher auf den verschiedensten Wegen versucht, einer Lösung des Abbinde- und Erhärtungsproblems näherzukommen, doch kann bis heute noch nicht von einer Klärung der Anschauungen über die beim Abbinden und Erhärten stattfindenden Reaktionen gesprochen werden. Die Lösung des Abbindeproblems setzt in gewisser Weise die Lösung der Fragen nach der chemischen Konstitution des Portlandzementklinkers voraus. Auch diese Frage ist bis heute noch nicht einwandfrei beantwortet. Es sei hier nur kurz auf die grundlegenden, ausgedehnten Arbeiten von Rankin und seinen Mitarbeitern[1], von E. Jänecke[2], von Dyckerhoff und Nacken[3] und Guttmann und Gille[4] u. a. hingewiesen, deren Ergebnisse im einzelnen widerspruchsvoll sind. Die neuesten Untersuchungen auf diesem Gebiet geben den Anschauungen Rankins die größte Wahrscheinlichkeit, daß wir nämlich im Portlandzementklinker oder vielmehr in dessen Hauptbestandteil, dem Alit, in der Hauptsache zwei Bestandteile annehmen können: Die Verbindungen $3\,CaO \cdot SiO_2$ und $3\,CaO \cdot Al_2O_3$. Das Abbinden und Erhärten hat man sich dann so vorzustellen, daß die im Klinker enthaltenen Verbindungen, also das Trikalziumsilikat und Trikalziumaluminat, vor allem zunächst an der Oberfläche der Klinkerteilchen mit Wasser reagieren und aller Wahrscheinlichkeit nach hierbei zerfallen. Ebenso wie bei der Lösung der Konstitutionsfrage des Port-

---

[1] Rankin, G. A.: Z. anorg. u. allg. Chem. **92**, 213ff. (1915).

[2] Jänecke, E.: Zement **15**, 610 (1926).

[3] Dyckerhoff u. Nacken: Zement **1**, 2 u. 4 (1925).

[4] Guttmann u. Gille: Zement **39** u. **40** (1927); **8**, **15** (1928).

landzementklinkers ist man auch bei der Lösung des Abbindeproblems so vorgegangen, daß man zunächst die äußerlich wahrnehmbaren Tatsachen einfach registrierte.

Die heute geltenden Anschauungen über den Abbinde- und Erhärtungsprozeß fußen auf den Arbeiten von Le Chatelier[1] und W. Michaelis[2]. Beide haben die Abbindevorgänge unter dem Mikroskop untersucht. Dabei beobachteten sie, daß sich in der ersten Zeit um die Zementkörner herum hexagonale Tafeln von Kalziumhydroxyd und später kleinere hexagonale Täfelchen von Kalziumaluminat ausscheiden, und daß sich dann schließlich um die Zementkörner herum eine Gelschicht bildet. W. Michaelis[3], H. Ambronn[4], S. Keisermann[5] und F. Blumenthal[6] haben später bei mikroskopischen Präparaten die Bildung von feinen langen Kristallnädelchen festgestellt. Diese Kristallnadeln, die als Kalziumsilikat $(CaO \cdot SiO_2 + xH_2O)$ angesehen wurden, wachsen aus den Zementteilchen radial in den Raum hinaus. Die Untersuchungen dieser Forscher geschahen in der Hauptsache in der Weise, daß kleine Zementproben mit einer relativ großen Menge Wasser auf einem Objektträger unter dem Mikroskop beobachtet wurden. Demgegenüber haben H. Kühl[7], H. Pulfrich und G. Link[8] darauf hingewiesen, daß die chemischen Reaktionen im normalen Zementmörtel mit ca. 30% Wasser anders verlaufen, und daß beispielshalber die von den genannten Forschern an mikroskopischen Präparaten festgestellten nadelförmigen Kalziumsilikatkriställchen niemals in normal angemachten Zementen nachgewiesen werden konnten.

Klein und Phillips[9] sowie Bates und Klein[10] haben sodann die Hydratation der einzelnen, möglichst rein und homogen dargestellten Klinkerbestandteile unter dem Mikroskop untersucht. Die untersuchten Substanzen waren freier Kalk, die drei Aluminate: Monokalziumaluminat, 5:3 Kalziumaluminat und Trikalziumaluminat und die drei Silikate: Kalziummetasilikat $(CaO \cdot SiO_2)$, Gammakalziumorthosilikat $(2\,CaO \cdot SiO_2)$, Betakalziumorthosilikat und Trikalziumorthosilikat. Diese Versuche ergaben, daß die Hydratation der Aluminate sofort ein-

---

[1] Le Chatelier, H.: Recherches expérimentales sur la constitution des mortiers hydrauliques. Paris 1904.

[2] Michaelis, W.: Zementprotokoll **1909**, 244ff.; Kolloid-Z. **5**, 9 (1909); **7**, 320 (1910).

[3] Michaelis, W.: a. a. O.

[4] Ambronn, H.: Tonind.-Zg. **33**, 270 (1909).

[5] Keisermann, S.: Kolloidchem. Beih. **1**, 423 (1910).

[6] Blumenthal, F.: Dissertation. Jena 1914.

[7] Kühl, H.: Zement **13**, 362 (1924); Tonind.-Zg. **96**, 1690—1692 (1929).

[8] Pulfrich, H., u. G. Link: Kolloid-Z. **34**, 117 (1924).

[9] Klein u. Phillips: Techn. Papers B. S. **43** (1914).

[10] Bates u. Klein: Techn. Papers B. S. **78** (1917).

setzt. Mit einem Überschuß von Wasser schreitet die Reaktion äußerst schnell vorwärts, und in wenigen Tagen sind die Aluminate vollständig hydratisiert. Kalziummetasilikat und γ-Kalziumorthosilikat hydratisieren praktisch überhaupt nicht. Trikalziumsilikat hydratisiert sofort. Es entstehen bei dieser Hydratation Kalziumhydroxydkristalle und amorphes hydratisiertes Silikat. Die Hydratation der Zemente geht nach Klein und Phillips so vor sich, daß zunächst amorphes hydratisiertes Trikalziumaluminat mit oder ohne amorphe Tonerde gebildet wird, wobei das Aluminat später kristallisiert. Die nächste mit dem Wasser reagierende Verbindung soll dann das Trikalziumsilikat sein. Seine Hydratation ist nach vier Tagen beendet. Sodann beginnt die Kristallisation des amorphen Aluminats und die Hydratation des β-Kalziumorthosilikats.

Michaelis hat versucht, den Hydratationsvorgang bildlich vorstellbar zu machen (Abb. 1). Danach verläuft das Abbinden und Erhärten des Zementes in der Weise, daß der Alit — der Hauptbestandteil des Portlandzementklinkers — beim Zusammentreten mit Wasser in ein kalkärmeres hydratisiertes Kalziumsilikat zerfällt, wobei $Ca(OH)_2$ molekular in Lösung geht, während das gebildete kalkärmere hydratisierte Kalziumsilikat sich kolloidal löst und ein Sol bildet. Bei Fortschreiten der Reaktion des Wassers mit dem Klinker tritt schließlich eine Sättigung des Lösungsmittels an $Ca(OH)_2$ ein, so daß das Kalziumhydroxyd in Form von hexagonalen Tafeln auskristallisiert. Ein Teil des molekular ge-

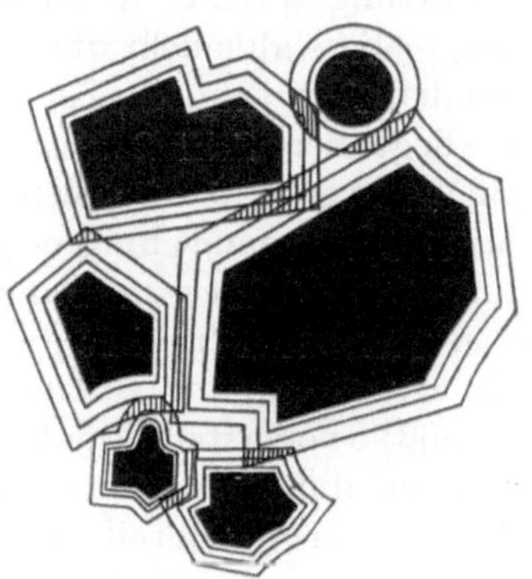

Abb. 1. Skizze des Abbindevorgangs.

lösten Kalziumhydroxyds hingegen reagiert mit den inzwischen gleichfalls hydratisierten Aluminaten unter Bildung von kalkreicheren Kalziumaluminaten, die bei Sättigung der Lösung gleichfalls in Form von kleineren hexagonalen Täfelchen auskristallisieren. Das gebildete kalkärmere hydratisierte Kalziumsilikat liegt zunächst als Sol vor. Im weiteren Verlauf der Reaktion reichert sich das Sol mit Kalziumsilikat an, bis schließlich Koagulation und Gelbildung eintritt. Es bildet sich also um den Klinkerkern herum eine Gelschicht. Mit Bildung dieser Gelschicht ist der weitere Zutritt von Wasser zum Klinkerkern sehr erschwert. Der noch nicht hydratisierte Klinkerkern saugt nunmehr das für seine Hydratation benötigte Wasser aus der Gelmasse heraus. Hierbei verfestigt sich die Gelmasse und wird schließlich steinhart.

Die Untersuchungen von Michaelis zeigen also, daß der Abbinde- und Erhärtungsprozeß unter Gelbildung vor sich geht, daß also ein

Gelatinierungsvorgang stattfindet, und daß mithin das Abbindeproblem sinngemäß durch kolloidchemische Betrachtungen wesentlich gefördert werden kann. So sind denn zahlreiche kolloidchemische Untersuchungen, angeregt durch die Arbeiten von Kühl[1] und Nacken[2], in den letzten Jahren ausgeführt worden.

Damit stehen sich grundsätzlich zwei Forschungsrichtungen gegenüber: die eine, die die Erhärtung des Zements auf die Bildung von Kristallnadeln und deren Verfilzung untereinander zurückführt, und die andere, die die Erhärtung des Zements mit Schrumpfungserscheinungen von Gelen glaubt erklären zu können. Jene stützt sich auf ihre Befunde an mikroskopischen Präparaten und auf die Tatsache, daß es nicht nur gelungen ist, die Umsetzungsprodukte zwischen Zement und Wasser als solche unter dem Mikroskop zu beobachten, sondern daß man jene kristallinen Produkte auch synthetisch herzustellen vermag. Es ist dies letztere ein Erfolg, der sehr für die Theorie der kristalloiden Erhärtung spricht. Wenn es gelingt, scharf definierte synthetisch erzeugte Kristallnadeln und Kristalltäfelchen herzustellen, die man auch bei der Erhärtung des Zements unter dem Mikroskop beobachten kann, so liegt der Schluß nahe, daß die Erhärtung des Zements auf der Bildung von Kristallnadeln und deren inniger Verfilzung beruht. Nach Michaelis kommt hingegen das Erhärten des Zements durch Schrumpfung einer Gelmasse zustande, wobei zwar ein gleichzeitiges Entstehen von Kristallen durchaus möglich ist, aber nichts mit dem eigentlichen Erhärtungsvorgang zu tun hat. Man hat sich diesen Schrumpfungsprozeß so vorzustellen, daß sich an der Oberfläche der einzelnen Zementteilchen durch die Einwirkung des Wassers unter chemischem Abbau der Klinkerbestandteile eine lockere Gelmasse bildet, die eine erste Verkittung von einzelnen Teilchen untereinander bewirkt. Dieses Gel, das in der ersten Zeit noch wenig fest ist, erhärtet dann ganz allmählich dadurch, daß ihm Wasser entzogen wird. Diese Austrocknung kann durch zwei Faktoren verursacht werden, erstens durch die Einwirkung der Luft und zweitens dadurch, daß der noch nicht hydratisierte Zementkern das für seine Hydratation notwendige Wasser aus dem Gel heraussaugt. Man spricht dann von einer „inneren Absaugung“. Der Gelschicht wird das Wasser entzogen, und dabei schrumpft sie zusammen und verfestigt sich. Dieser Prozeß der Hydratation schreitet sehr langsam bis zur völligen Hydratation der Zementteilchen vorwärts, wozu unter Umständen viele Jahre benötigt werden.

Gestützt wird diese Ansicht durch die Untersuchungen von Kühl[1] und Pulfrich und Link[3].

---

[1] Kühl, H.: Zement **13**, 362 (1924); Tonind.-Zg. **96**, 1690—1692 (1929).

[2] Nacken, R.: Zement **43**, 1017 u. **44**, 1047 (1927).

[3] Pulfrich, H., u. G. Link: Kolloid-Z. **34**, 117 (1924).

1. Die Hydratation des Portlandzements und Tonerdezements.

Es lag nahe, durch eigene eingehende Versuche zunächst einmal diesen Zwiespalt der Auffassungen aufzuklären. Es war dies aus mehreren Gründen wichtig. Einmal sind die bisherigen Untersuchungen mit mikroskopischen Präparaten, bei denen eine winzig kleine Menge Zement mit einer großen Menge Wasser versetzt wurde, mit Substanzen ausgeführt worden, die nach dem heutigen Stande unseres Wissens nicht als rein und einheitlich bezeichnet werden können, und zweitens bestehen auch bei der Herstellung der Dünnschliffe von abgebundenem Zement Fehlermöglichkeiten, die bei Nichtberücksichtigung evtl. zu einem falschen Resultat führen können. Zum Zwecke eigener Untersuchungen wurde eine große Reihe von Präparaten angefertigt und mikroskopisch und, wo dies anging, chemisch untersucht. Die untersuchten Produkte waren die drei Silikate: $3\,CaO \cdot SiO_2$, $2\,CaO \cdot SiO_2$ und $CaO \cdot SiO_2$, die beiden Aluminate: $3\,CaO \cdot Al_2O_3$ und $CaO \cdot Al_2O_3$, weiterhin einige gewöhnliche und hochwertige Portlandzemente und zwei Tonerdezemente. Die Herstellung der binären Verbindungen geschah in der Weise, daß chemisch reinstes Kalziumkarbonat und Tonerde in stöchiometrischen Verhältnissen mehrere Stunden innig miteinander vermischt und dann nach den Angaben von Dyckerhoff[1] mehrere Male im Knallglasgebläse bei sehr hoher Temperatur gebrannt wurden. Im Falle des $2\,CaO \cdot SiO_2$ entstand stets ein zerrieselndes Produkt. Um dieses Zerrieseln zu verhindern, wurde eine Spur Borsäure hinzugesetzt. Diese bewirkte, daß kein Zerrieseln mehr eintrat. Das fertige Trikalziumaluminat wurde bei 1350^0 C mehrere Stunden lang erhitzt (getempert). Verwendet man bei seiner Herstellung eine zu hohe Temperatur, geht man z. B. bis zum Schmelzpunkt, so zerfällt es in $5\,CaO \cdot 3\,Al_2O_3 + CaO$. Die Substanzen wurden so lange erhitzt, wieder gemahlen, geschmolzen und getempert, bis Whitesches[2] Reagens keinen freien Kalk mehr anzeigte. Die fertigen Produkte wurden zementfein im Achatmörser gemahlen, dann wurden von ihnen kleine Mengen (einige Milligramm) auf Objektträger gegeben und mit ein paar Tropfen Wasser versetzt. Die Proben wurden mit Deckgläsern bedeckt und diese danach, um ein Austrocknen der Präparate zu verhüten, vorsichtig am Rande paraffiniert. Die Proben wurden wiederholt mikrophotographisch aufgenommen.

Die Hydratation des $3\,CaO \cdot SiO_2$. Die Hydratation des Trikalziumsilikates mit Wasser auf dem Objektträger ergab die Bildung von Kalziumhydroxydkristallen und von amorpher Kieselsäure. Beide entstanden innerhalb 24 Stunden. Die Hydratation schritt unter Bildung von weiteren Kalziumhydroxydkristallen und amorpher Kieselsäure

---

[1] Dyckerhoff u. Nacken: Zement **1**, **2** u. **4** (1925).
[2] White, A. H.: J. Ind. Engg. Chem. **1**, 5 (1909).

fort. Die Kalziumhydroxydkristalle waren hexagonale Tafeln. Das amorphe Material war gelatinös. Nadeln konnten nicht beobachtet werden.

Die Hydratation des $2CaO \cdot SiO_2$. Das β-Kalziumorthosilikat zeigte selbst nach mehreren Wochen nur sehr geringe Veränderungen. Es konnte eine leichte Anätzung einiger Körner am Rande beobachtet werden. Dies stimmt mit dem Befund von Klein und Phillips gut überein.

Die Hydratation des $CaO \cdot SiO_2$. Das Kalziummetasilikat zeigte im Mikroskop gleichfalls keinerlei Veränderung. Kristallbildung konnte nicht beobachtet werden.

Die Hydratation des $3CaO \cdot Al_2O_3$. Beim Versetzen des Trikalziumaluminates mit Wasser entstanden sofort feine Nadeln und hexagonale Platten, und zwar bildeten sich diese Kristalle an den Trikalziumaluminatkörnern. Die Kristalle zeigten starkes Wachstum. Sie waren zunächst winzig klein und wuchsen dann erstaunlich schnell, bis sie nach einigen Tagen ihre maximale Größe erreichten[1].

Die Hydratation des $CaO \cdot Al_2O_3$. Die Hydratation des Monokalziumaluminats begann nach wenigen Minuten. Dabei entstand eine gelati-

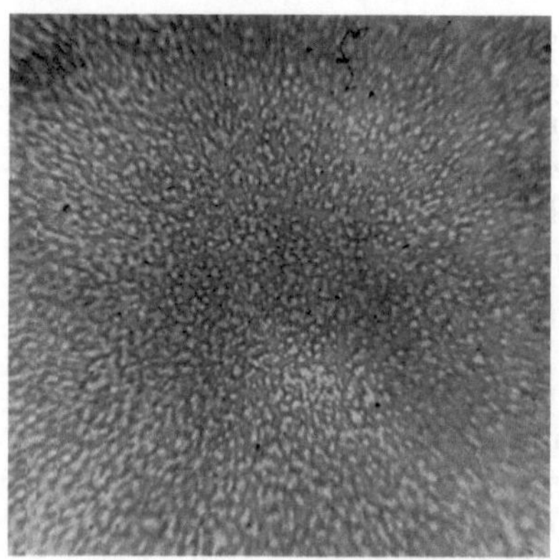

Abb. 2. Tonerdesol.

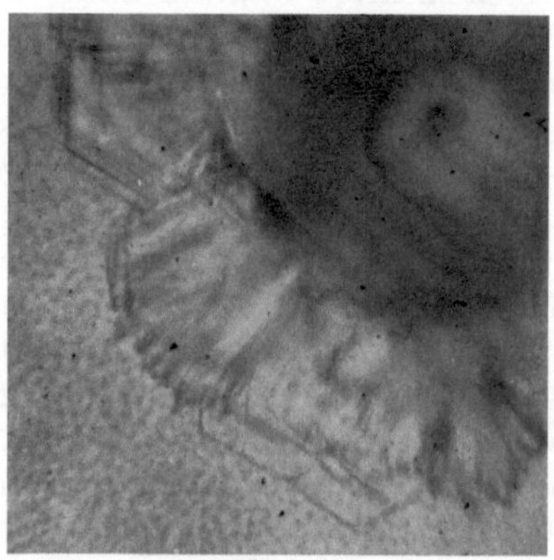

Abb. 3. Sphäroid aus hydratisiertem Monokalziumaluminat.

nöse amorphe Masse, die sich um die Körner herumlagerte und nach einem Tage das ganze Präparat überdeckte. Gleichzeitig entwickelten sich aus den Körnern radiale Sphäroide. Diese bestanden aus hexagonalen Kristallnadeln und -platten, die aus einem gemeinsamen Zentrum ausstrahlten. Alle Kristallnadeln stellten sich dabei als auf die Kante gewendete Kristallplatten heraus, die mit den hexagonalen Platten identisch waren. Abb. 2 zeigt die amorphe Gelmasse, Abb. 3 einen beson-

---

[1] Eitel: Zement **17** (1930).

ders charakteristischen radialen Sphäroidkristall. Das Präparat wurde sodann noch chemisch durch Anfärbung untersucht. Nach Keisermann[1] tritt durch Einwirkung von alkoholischer Lösung des Anthrapurpurins auf freien Kalk, bzw. auf Verbindungen des Kalks, Rotfärbung ein. Die hexagonalen Platten, die Nadeln und Sphäroide wurden rot gefärbt, die amorphe Masse nicht. Somit konnten die Kristalle aus Kalziumhydroxyd oder aus einem Kalziumaluminat bestehen. Die weitere Prüfung auf freien Kalk, also auf Kalziumhydroxyd mit Whiteschem Reagens, fiel negativ aus. Mithin handelt es sich bei den Kristallen um Kalziumaluminat. Eine weitere Bestätigung hierfür wurde dadurch erhalten, daß durch Patentblau sowohl die amorphe Masse als auch die Kristalle blau gefärbt wurden. Patentblau vermag freie und gebundene Tonerde blau zu färben. Damit war auch die amorphe Gelmasse als Aluminiumhydroxyd identifiziert.

Die Hydratation des Portlandzements und Tonerdezements. In gleicher Weise wurden verschiedene gewöhnliche und hochwertige Portlandzemente untersucht. Bei allen zeigten sich nach ungefähr 8 bis 10 Stunden die ersten kleinen Kriställchen, die aus den Zementkörnern radial herauswuchsen. Es waren außerordentlich feine Nadeln. Nach 24 Stunden waren die Zementkörner von kleinen Kristallnadeln umgeben. Nach weiteren 24 Stunden waren alle Zementkörner mit Kristallnadeln dicht besetzt. Diese erreichten ihre maximale Größe nach 4 bis 5 Tagen. Dann war auch das erste Entstehen von hexagonalen Tafeln von verschiedener Größe und das Auftreten von amorpher Gelmasse zu beobachten. Die hexagonalen Tafeln, die nach Klein und Phillips aus $Ca(OH)_2$ und Kalziumaluminat bestehen sollen, wurden allmählich größer und zahlreicher. Die amorphe Gelmasse überzog schließlich das ganze Präparat in sehr feiner dünner Schicht. Abb. 4 und 5 geben einige Hydratationsstadien wieder. Abb. 4 zeigt den Portlandzement nach dem Versetzen mit Wasser. Abb. 5 zeigt den gleichen Zement nach 10 Tagen. Hier sind die hexagonalen Tafeln, die feinen Kristallnadeln und das zwischen den Körnern gelagerte Gel deutlich erkennbar.

Bevor an die Auswertung dieser Befunde gegangen wird, sei an dieser Stelle auf das Verhalten von Tonerdezement gegenüber Wasser bei mikroskopischer Betrachtung eingegangen. Die Hydratation erfolgt im wesentlichen äußerlich in gleicher Weise wie die des Portlandzements. Auch hier bilden sich nach einigen Tagen Kristalle und eine amorphe Gelmasse, die in diesem Falle kolloide Tonerde sein dürfte. Es war darüber hinaus wünschenswert zu wissen, was geschieht, wenn Tonerdezement und Portlandzement miteinander vermischt werden. Die Vermischung des Tonerdezements und des Portlandzements ist seit langem ein wichtiges

---

[1] Keisermann: Cement. Eng. News **23**, 10 (1911).

technisches Problem. Schon W. Dyckerhoff[1] hat im Jahre 1924 darauf hingewiesen, daß es untunlich sei, Portlandzement und Tonerdezement miteinander zu vermischen. Es ist immer wieder versucht worden, den teuren Tonerdezement durch den billigen Portlandzement zu strecken, und immer wieder hat man davon absehen müssen, da die Mischung beider Zementarten ein Produkt ergibt, das sofort abbindet und beim Erhärten keinerlei Festigkeit erreicht. Eine Erklärung für diese Erscheinung liefern die Arbeiten von La Fuma[2] und P. Erculisse[3], die im folgenden kurz dargestellt seien:

M. La Fuma hat festgestellt, daß es zwei hydratisierte Kalziumaluminate gibt. Ihre Zusammensetzung ist: $4\,CaO \cdot Al_2O_3 \cdot 12\,H_2O$ und

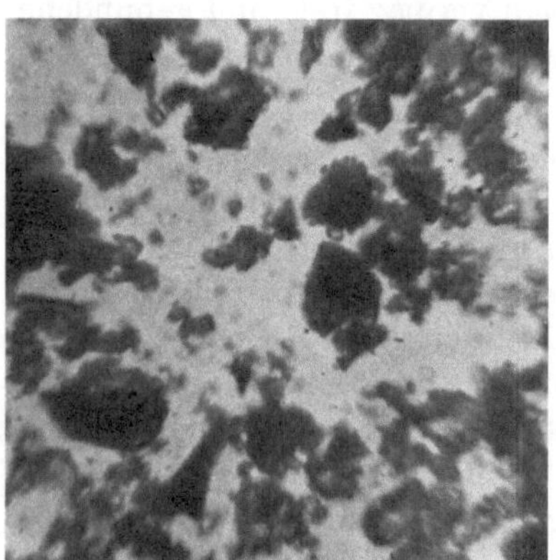

Abb. 4. Portlandzement kurz nach dem Versetzen mit Wasser.

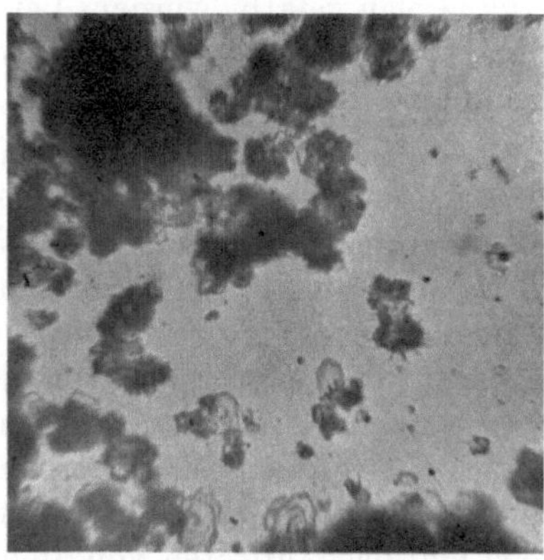

Abb. 5. Hydratisierter Portlandzementklinker 10 Tage nach dem Versetzen mit Wasser.

$2\,CaO \cdot Al_2O_3 \cdot 7\,H_2O$. Was die Hydratation der Silikate anbelangt, so gibt es nach La Fuma kein hydratisiertes Trikalziumsilikat, wie es von Candlot[4] und Klein und Phillips[5] bei abbindendem Zement beschrieben wird. Vielmehr existiert nur eines, das Monokalziumsilikat von der Formel $CaO \cdot SiO_2 \cdot 2,5\,H_2O$. Dann fand er noch im abgebundenen Zement bei Gegenwart von Kalziumsulfat die beiden Kalziumsulfoaluminate: $3\,CaO \cdot Al_2O_3 \cdot 3\,CaSO_4$ und $9\,CaO \cdot 4\,SiO_2 \cdot Al_2O_3 \cdot 7\,CaSO_4 \cdot 80\,H_2O$. Ferner wurde von La Fuma die Hydratation verschiedener Zemente in Gegenwart eines großen Wasserüberschusses untersucht, also unter Verhältnissen, wie sie in der Praxis bei abbindendem Zement

---

[1] Dyckerhoff, W.: Zement **33** (1924).

[2] La Fuma, M.: Thèses présentées à la Faculté des Sciences de l'Université de Paris. Paris: Veribert.

[3] Erculisse, P.: Procès Verbal d. 1. 4. Séance de l'association Belge pour l'étude et l'essai des matériaux. Bruxelles 1928.

[4] Candlot: Bulletin d'encour 89, 682 (1886); Le ciment Nr 3, 4, 5 (1896).

[5] Klein u. Phillips: l. c.

nicht vorkommen. Dabei wurden bei einem Portlandzement folgende Hydratationsprodukte gefunden:

$$4\,CaO \cdot Al_2O_3 \cdot 12\,H_2O,$$
$$2\,CaO \cdot Al_2O_3 \cdot 7\,H_2O,$$
$$CaO \cdot SiO_2 \cdot 2{,}5\,H_2O,$$
$$3\,CaO \cdot Al_2O_3 \cdot 3\,CaSO_4.$$

Ein Tonerdezement hingegen ergab folgende Verbindungen:

$$2\,CaO \cdot Al_2O_3 \cdot 7\,H_2O,$$
$$CaO \cdot SiO_2 \cdot 2{,}5\,H_2O$$

und freies Tonerdehydrat.

Es soll nunmehr versucht werden, an Hand der ausgezeichneten Arbeit von Erculisse den Abbindeprozeß des Zements auf Grund von phasentheoretischen Überlegungen darzustellen. Die Forscher, die auf dem Gebiet des Abbindens und Erhärtens von Zement gearbeitet haben, haben stets die Hydrolyse jeder einzelnen im Zement vorkommenden Komponente für sich isoliert untersucht. Nach Erculisse ist eine solche Betrachtungsweise nicht richtig. Die Zementbestandteile sind in der Hauptsache wasserunlösliche oder sehr wenig lösliche Anhydridsalze, die unfähig sind, mit Wasser ein Gleichgewichtssystem zu bilden. Bei Berührung dieser Anhydridsalze mit Wasser tritt Hydrolyse ein, und es entstehen immer ein mehr oder weniger hydratisiertes saures Anhydrid und eine Base, die ebenfalls mehr oder weniger stark hydratisiert ist. Diese beiden hydratisierten Zerfallsprodukte — das saure Anhydrid und die Base — reagieren weiter mit dem Wasser und bilden miteinander ein hydratisiertes wasserunlösliches Salz. Die Reaktion für die Hydrolyse einer Verbindung von der Formel $A_m \cdot B_n$ (worin A = Anhydrid, B = basisches Oxyd ist), verläuft hiernach in folgenden Stufen:

1. $A_m \cdot B_n + aq = A_m \cdot aq + B_n \cdot aq,$
2. $A_m \cdot aq + B_n \cdot aq = A_m \cdot B_p \cdot aq + (n - p)\,B \cdot aq + aq,$
3. $A_m \cdot aq + B_n \cdot aq = A_p \cdot B_n \cdot aq + (m - p)\,A \cdot aq + aq.$

Das Abbinden des Zements kann somit erst völlig erfaßt werden, wenn der Verlauf dieser Grundreaktionen feststeht. Die Grundreaktion läuft daraus hinaus, daß ein in Wasser wenig lösliches saures Anhydrid durch ein in Wasser ebenfalls wenig lösliches Oxyd neutralisiert wird, wobei sich ein in Wasser wenig lösliches hydratisiertes Salz bildet. Wie man sieht, ist die Übertragung dieser Vorstellungen auf die Vorgänge beim Abbinden von Zement außerordentlich schwierig, da bei ihm zahlreiche Komponenten von verschiedener chemischer Zusammensetzung untereinander reagieren.

Diese Anschauungen legen wir nun den folgenden Darlegungen zugrunde.

Es sei das Anhydrid mit A, das basische Oxyd mit B und das hydratisierte Salz mit AB·aq bezeichnet. Das Reaktionsschema ist dann:

$$A + B + n\,H_2O = AB \cdot n\,aq\,.$$

Nach dem Phasengesetz unterliegt eine solche Reaktion folgenden Bestimmungen: Erstens ist das System vollständig durch die drei Komponenten A, B und H_2O bestimmt. Zweitens wird das System von drei Variablen bestimmt, und zwar vom Druck, von der Temperatur und von den Variablen, die die Zusammensetzung der flüssigen Phase bestimmen. Die festen Phasen, von denen jede aus einer bestimmten chemischen Verbindung besteht, sind keine chemischen Variablen, und weiterhin sei die Dampfphase als nicht existierend angenommen. Wenn es aber keine dampfförmige Phase gibt, dann können für das obige System höchstens vier Phasen existieren: eine flüssige Phase und drei feste Phasen. Es gibt in unserem System also drei Komponenten und vier Phasen. Dies ergibt nach der Gibbsschen Regel einen Freiheitsgrad. Dieser Wert ist aber nicht sehr wahrscheinlich, denn wenn der Druck gewählt wird, dann wird sich die Zusammensetzung der flüssigen Phase in den meisten Fällen mit der Temperatur verändern. Es gibt mithin zwei Freiheitsgrade, nicht einen. Wenn es aber zwei Freiheitsgrade gibt, dann ist das nur dadurch möglich, daß eine von den vier Phasen, also beispielshalber A oder B, vollständig verschwindet, d. h. also, daß die Reaktion vollständig verläuft, wobei sie schließlich in einem der beiden Systeme:

A,   ABaq,   flüssige Phase,
B,   ABaq,   flüssige Phase,

endet. Diese Vorstellungen lassen sich auch auf das Studium der Sättigung einer beliebig großen Zahl von unlöslichen sauren Anhydriden durch eine einzige Base (beim Zement gibt es immer nur eine Base, den Kalk) oder der Sättigung einer beliebig großen Zahl von Basen durch ein einziges Anhydrid übertragen. Da, wie wir oben gesehen haben, die Zahl der Freiheitsgrade immer gleich zwei ist, werden in einem beliebigen System immer nur (n + 2) Phasen anwesend sein können, und damit dies möglich ist, müssen immer (n + 1) feste Phasen verschwinden. Daraus ergibt sich, daß die Zahl der Säuren immer im Überschuß sein muß, und daß die Sättigung der verschiedenen Säuren nebeneinander geschehen muß. Auf Grund solcher Vorstellungen kann man die Zahl und die Zusammensetzung der verschiedenen Salze, die sich bilden können, bestimmen.

Wenn man die Einwirkung des Wassers auf den Zement beim Abbinden und Erhärten unter den eben entwickelten Gesichtspunkten betrachtet, so kann man das Abbinden als eine Reaktion erkennen, die ganz analog verläuft wie die Einwirkung eines in Wasser wenig löslichen Salzes auf ein gleichfalls wenig lösliches Anhydrid oder eines sauren

Salzes auf ein basisches Salz. Wenden wir die Phasengesetze auf die Abbindereaktionen an, so haben wir es mit einem System mit x Komponenten und zwei Freiheitsgraden zu tun. Wenn ein Gleichgewicht erreicht wird, dann muß in diesem Fall die Zahl der Phasen gleich der Zahl der Komponenten sein. Solange es eine flüssige Phase gibt, muß die Zahl der festen Phasen gleich der Zahl der Komponenten weniger eins sein. Betrachten wir zunächst die Hydratation der beiden im Portlandzementklinker vorkommenden Silikate $3\,CaO \cdot SiO_2$ und $2\,CaO \cdot SiO_2$, so erhalten wir folgende Reaktionsgleichungen:

I. $3\,CaO \cdot SiO_2 + aq = 2\,CaO \cdot SiO_2 \cdot aq + Ca(OH)_2$,
II. $2\,CaO \cdot SiO_2 + aq = CaO \cdot SiO_2 \cdot 2,5\,H_2O + Ca(OH)_2$.

Diese beiden Systeme haben drei Reaktionskomponenten: CaO, SiO_2 und H_2O. Ist ein Gleichgewichtszustand erreicht, dann können nur zwei feste Phasen zugleich existieren, d. h. bei Gleichgewicht muß die Hydrolyse vollständig sein.

Man kann annehmen, daß die Reaktionen I und II gleichzeitig verlaufen, nur mit dem Unterschied, daß die Hydrolyse nach I eine größere Reaktionsgeschwindigkeit besitzt als die nach II. Von der Konzentration des in der flüssigen Phase befindlichen Kalks läßt sich sagen, daß sie höher sein wird, solange noch $3\,CaO \cdot SiO_2$ anwesend ist. Bei Gleichgewicht sinkt die Konzentration des $Ca(OH)_2$ in der flüssigen Phase und beträgt nach La Fuma 0,052 g/Liter H_2O.

Es war weiter oben gezeigt worden, daß sich der Portlandzement und der Tonerdezement in der Art ihrer Silikate und Aluminate in folgender Weise voneinander unterscheiden:

	Silikate	Aluminate
Portlandzement . .	$3\,CaO \cdot SiO_2$ $2\,CaO \cdot SiO_2$	$3\,CaO \cdot Al_2O_3$ $5\,CaO \cdot 3\,Al_2O_3$
Tonerdezement . .	$2\,CaO \cdot SiO_2$	$CaO \cdot Al_2O_3$ $5\,CaO \cdot 3\,Al_2O_3$ oder $2\,CaO \cdot Al_2O_3 \cdot SiO_2$

Bei der Hydratation der beiden Zemente hat man es also — da bei der Hydrolyse der Silikate Kalk entsteht — mit der Einwirkung von Aluminaten auf Kalk zu tun. Betrachtet man die Systeme dieser beiden Zemente unter dem Standpunkt der Reaktionsgeschwindigkeit, so wird bei Erreichung des Gleichgewichtszustandes, am Ende der Hydrolyse, auf der einen Seite die Menge des Kalks und auf der anderen Seite die Art des Aluminats maßgeblich sein.

Damit kommen wir nunmehr zu der Erklärung für die Erscheinungen, von denen weiter oben bereits gesprochen wurde, nämlich zu der Frage des Verhaltens von Portlandzement auf Tonerdezement. Die ersten Erfahrungen über dieses Problem stammen von W. Dyckerhoff (l. c.) der zeigte, daß eine Vermischung von Tonerdezement mit Portlandzement oder Kalk zu einem Schnellbinder führt. Neuere Beobachtungen und Erfahrungen auf diesem Gebiet stammen von Kühl und Setsuo Ideta[1] und von Katsugo Koyanagy[2]. Nach den oben entwickelten Gesichtspunkten ist diese Erscheinung nunmehr einfach so zu erklären, daß die Reaktion des Monokalziumaluminats (des Hauptbestandteils des Tonerdezements) mit Kalk unter Bildung von Dikalziumaluminat außerordentlich viel schneller vonstatten geht als die Umbildung des Trikalziumaluminats in Tetrakalziumaluminat. Weiterhin ist aus diesem Grunde das bei Anwesenheit von Monokalziumaluminat allein mögliche Silikat das Dikalziumsilikat, da die Kalkkonzentration der flüssigen Phase bei der Hydrolyse des Dikalziumsilikats, wie bereits oben gesagt, viel schwächer ist als bei der Hydrolyse des Trikalziumsilikats. Die Reaktionsschemen für Portlandzement und Tonerdezement sind:

$$\text{I. } 3\,CaO\cdot Al_2O_3 \rightarrow 4\,CaO\cdot Al_2O_3\,,$$
$$\text{II. } 3\,CaO\cdot SiO_2 \rightarrow 2\,CaO\cdot SiO_2 + CaO \rightarrow CaO\cdot SiO_2 + CaO\,,$$
$$\text{III. } CaO\cdot Al_2O_3 \rightarrow 2\,CaO\cdot Al_2O_3,$$
$$\text{VI. } 2\,CaO\cdot SiO_2 \rightarrow CaO\cdot SiO_2 + CaO\,.$$

I. und II. gelten für den Portlandzement, III. und IV. für den Tonerdezement ohne Berücksichtigung des Wassers. Nach II. zerfällt beim Portlandzement das Trikalziumsilikat in Dikalziumsilikat und CaO, das Dikalziumsilikat in Monokalziumsilikat und CaO, und das frei werdende CaO dient zur allmählichen Umwandlung des Trikalziumaluminats in Tetrakalziumaluminat. Beim Tonerdezement zerfällt nach IV. das Dikalziumsilikat in Monokalziumsilikat und Kalk, und der Kalk dient zur Umwandlung des Monokalziumaluminats in Dikalziumaluminat nach III. Haben wir ein Gemisch von Portlandzement und Tonerdezement, so verlaufen die Reaktionen anders, und zwar nach folgendem Schema:

$$3\,CaO\cdot Al_2O_3,$$
$$3\,CaO\cdot SiO_2 \rightarrow \text{momentan in } 2\,CaO\cdot SiO_2 + CaO\,,$$
$$CaO\cdot Al_2O_3 \rightarrow \text{momentan in } 2\,CaO\cdot Al_2O_3\,,$$
$$2\,CaO\cdot SiO_2 \rightarrow \qquad\qquad CaO\cdot SiO_2 + CaO\,.$$

Wir haben in den oberen zwei Reihen die Bestandteile des Portlandzements, in den beiden unteren Reihen die des Tonerdezements vor uns, wie sie gleichzeitig in einem Gemisch beider Zemente vorliegen. Wenn wir ein solches Gemisch mit Wasser versetzen, dann tritt sofortige sehr starke Hydrolyse des Trikalziumsilikats unter Bildung von Dikalziumsilikat ein, da in flüssiger Phase Monokalziumaluminat nur neben

---

[1] Kühl, H., u. S. Ideta: Zement **34**, 792 (1930).

[2] Koyanagy, Katsugo: J. Soc. Chem. Ind. Japan **33**, 277 (1930); Zement **37**, 866 (1930).

Dikalziumsilikat existieren kann. Der Beweis für diese Annahme liegt in der Tatsache, daß ja nur dieses Silikat im bis zur Schmelze gebrannten Tonerdezement neben dem Monokalziumaluminat vorkommt. Bei der Hydrolyse des Trikalziumsilikats entsteht Kalk. Der entstandene Kalk wird sofort zur Umwandlung des Monokalziumaluminats in Dikalziumaluminat und nicht zur Umwandlung des Trikalziumaluminats in Tetrakalziumaluminat benutzt, da die Reaktionsgeschwindigkeit der Umwandlung von Monokalziumaluminat in Dikalziumaluminat unvergleichlich viel größer ist als die von Trikalziumaluminat in Tetrakalziumaluminat.

Es war nun interessant zu prüfen, inwieweit derartige Überlegungen praktisch zutreffen, und so ergab sich die Aufgabe, das Verhalten von Portlandzement-Tonerdezementmischungen und das Abbinden solcher Mischungen chemisch und mikroskopisch zu untersuchen.

Zu diesem Zweck wurden zahlreiche Mischungen beider Zemente in jedem Mischungsverhältnis hergestellt. Die Mischungen wurden mehrere Stunden lang durch feine Siebe (4900 Maschen/qcm) gesiebt, um sie völlig zu homogenisieren. Je 300 g von den Mischungen wurden mit genau berechneten Wassermengen zwischen 81 ccm und 84 ccm Wasser = 27 bis 28% Wasser Normalkonsistenz angemacht. Reiner Tonerdezement benötigte für Normalkonsistenz 28% Wasser, reiner Portlandzement 27% Wasser. Die Abbindezeiten wurden mit dem Vicat-Apparat gemessen. Hierbei ergab sich für reinen Tonerdezement ein Abbindebeginn von drei Stunden und ein Abbindeende von sechs Stunden, für reinen Portlandzement ein Abbindebeginn von

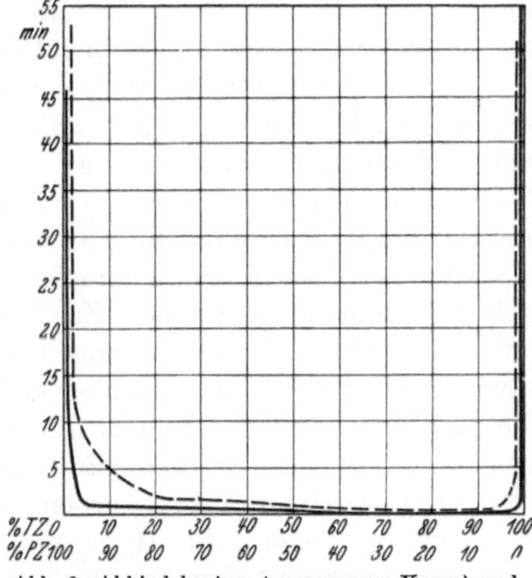

Abb. 6. Abbindebeginn (ausgezogene Kurve) und Abbindeende (gestrichelte Kurve) von Portlandzement-Tonerdezementmischungen.

vier Stunden und ein Abbindeende von acht Stunden. Schon ein Zusatz von 1% Tonerdezement zum Portlandzement erniedrigte den Abbindebeginn auf 12 Min. 40 Sek. und das Abbindeende auf 1 Stunde. Abb. 6 zeigt graphisch den Abbindebeginn (ausgezogene Kurve) und das Abbindeende (gestrichelte Kurve) bei den verschiedenen Portlandzement-Tonerdezementmischungen.

Stets ergab sich bei den verschiedenen Portland- und Tonerdezementen im wesentlichen das gleiche Resultat. Da die Wirkung beider

Zemente aufeinander schon bei ganz kleinen Prozentsätzen außerordentlich stark ist, lag die Vermutung nahe, daß es sich bei der Einwirkung von Tonerdezement auf Portlandzement um molekular gelöste und somit außerordentlich fein verteilte Bestandteile handelt. Um dies zu bestätigen, wurde eine kleine Menge Tonerdezement (15 g) in 81 ccm Wasser einige Minuten lang geschüttelt und dann sehr rasch durch eine Nutsche filtriert. (Das Filtrat war klar, bei längerem Stehen trübte es sich, an den Wänden des Gefäßes schied sich eine feine Kristallschicht aus.) Das klare Filtrat wurde sofort nach dem Schütteln zu 285 g Portlandzement an Stelle des Anmachwassers zugegeben. Es lag somit ein Verhältnis von 5% Tonerdezement zu 95% Portlandzement vor, bloß mit dem Unterschied zu den früheren Versuchen, daß nicht der Tonerdezement selbst, sondern die im Wasser löslichen Bestandteile des Tonerdezements dem Portlandzement beigemengt wurden. Der Zement war auch in diesem Fall ein Schnellbinder, und zwar lag sein Abbindebeginn bei 2 Min., sein Abbindeende bei 8 Min. gegenüber 1 Min. 40 Sek. und 8 Min. bei Verwendung des Tonerdezements selbst. Diese Versuche wurden mit verschiedenen Portlandzementen und Tonerdezementen wiederholt und zeigten mit kleinen Unterschieden das gleiche Ergebnis.

Es erhob sich nun die Frage nach der Zusammensetzung der in Wasser löslichen Bestandteile des Tonerdezements. Vorhergehende Versuche hatten rein qualitativ ergeben, daß während der Reaktion des Wassers mit dem Tonerdezement metastabile Kalziumaluminatlösungen entstanden. Es wurde nunmehr versucht, die genaue chemische Zusammensetzung dieser Kalziumaluminate zu bestimmen, die in der ersten Zeit des Abbindens entstehen. Zu diesem Zweck wurde Tonerdezement mit destilliertem Wasser in einem Verhältnis von 50 Teilen fester Substanz zu 1 Liter Wasser verschiedene Zeiten lang geschüttelt und dann die Mischung möglichst schnell durch eine Nutsche abfiltriert. Proben von diesen Filtraten wurden sofort für die chemische Analyse entnommen. Diese Analysenproben wurden mit verdünnter Salzsäure leicht angesäuert, die Tonerde als Hydroxyd gefällt und nach der Blumschen Methode[1] als Oxyd bestimmt. Das Kalzium wurde als Oxalat gefällt und als Oxyd gewogen. Der andere Teil der filtrierten Lösungen wurde in gut verschlossenen Flaschen für weitere Beobachtungen beiseite gestellt. Dabei wurde folgendes beobachtet: Beim Stehen fällt ein Teil des Kalkes und der Tonerde aus den klaren Lösungen aus. Aus dem metastabilen Zustand bildet sich langsam ein Gleichgewichtszustand aus, der nach ungefähr zwei Wochen erreicht ist. — Nach zwei Wochen wurden die Filtrate nochmals filtriert und dann Rückstand und Filtrat chemisch untersucht.

---

[1] Blum, W.: Die Bestimmung der Tonerde als Oxyd. B. S. Sci. Paper **226**.

Die chemische Analyse des untersuchten Tonerdezements war:

$$
\begin{array}{lr}
\text{Unlösliches} & 0,23\,\% \\
\text{Glühverlust} & 1,20\,\% \\
SiO_2 & 7,10\,\% \\
TiO_2 & 2,16\,\% \\
Al_2O_3 & 38,98\,\% \\
Fe_2O_3 & 5,75\,\% \\
FeO & 1,26\,\% \\
CaO & 42,90\,\% \\
MgO & 0,25\,\% \\
SO_3 & 0,17\,\% \\
\hline
& 100,00\,\%
\end{array}
$$

Die Analysenwerte der gleich nach dem Schütteln gewonnenen Filtrate sind in Tabelle 1 zusammengestellt. In der ersten senkrechten Reihe befinden sich die Schüttelzeiten, in der zweiten die gelösten Mengen Al_2O_3, in der dritten die gelösten Mengen CaO, aus der vierten ergibt sich das molekulare Verhältnis von CaO/Al_2O_3, berechnet aus den Mengen gelöster Tonerde und gelösten Kalks.

Tabelle 1.

Zeit	Gramm gelöstes Al_2O_3/Liter	Gramm gelöstes CaO/Liter	Molekular-verhältnis CaO/Al_2O_3
15 Minuten	1,04	0,58	1,016
30 „	1,38	0,70	1,00
60 „	1,54	0,85	0,99
2 Stunden	1,75	0,98	0,98
3 „	1,65	0,92	0,98
4 „	1,45	0,83	0,05
5 „	1,30	0,75	0,94
6 „	1,16	0,65	0,98
8 „	0,95	0,51	1,01
10 „	0,77	0,48	1,13
20 „	0,71	0,47	1,20
32 „	0,48	0,40	1,51
48 „	0,25	0,37	2,69

Aus der Tabelle 1 ist ersichtlich, daß die Mengen an Kalk und Tonerde, die im Wasser gelöst werden, innerhalb 2 Stunden stark ansteigen, dann ungefähr 1 Stunde nahezu konstant bleiben und schließlich schnell abfallen. Das molekulare Verhältnis von CaO zu Al_2O_3 ist in den Lösungen bis zu 10 Stunden konstant. Das Verhältnis hat den Wert 1. Nach 10 Stunden fällt ein großer Teil der Tonerde und des Kalks aus, und die Lösungen über dem Zement werden trübe. Das molekulare Verhältnis CaO/Al_2O_3 wird größer und erreicht nach 48 Stunden den Wert 2,69. Der Reaktionsmechanismus in der Lösung verläuft also so, daß auf die Bildung von metastabilen Lösungen mit Kalk und Tonerde in einem

Verhältnis von nahezu 1 (in der ersten Zeit der Reaktion) die Fällung eines großen Teils der Tonerde und des Kalks folgt, bis schließlich ein stationärer Zustand erreicht wird. Abb. 7 zeigt die Löslichkeit der Tonerde und des Kalks graphisch in Abhängigkeit von der Zeit, und Abb. 8 das molekulare Verhältnis CaO/Al_2O_3, gleichfalls in Abhängig-

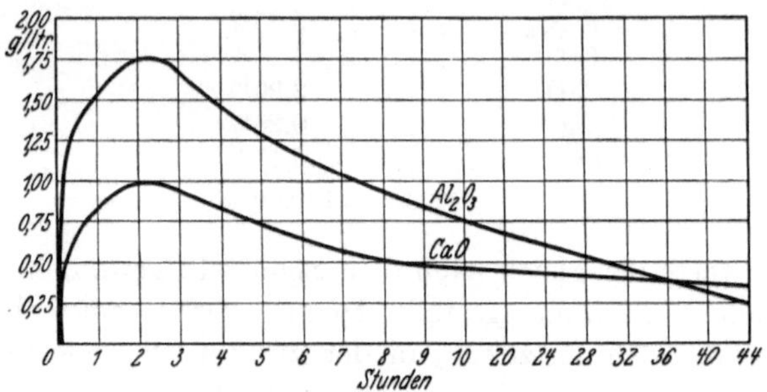

Abb. 7. Löslichkeitskurve von Tonerdezement.

keit von der Zeit. Abb. 8 zeigt deutlich, daß die Tonerdezementfiltrate bis zu 10 Stunden metastabile Lösungen von Monokalziumaluminat darstellen.

Die gefundenen Tatsachen stimmen gut überein mit den Untersuchungen von Lansing S. Wells[1] über die Einwirkung des Wassers auf

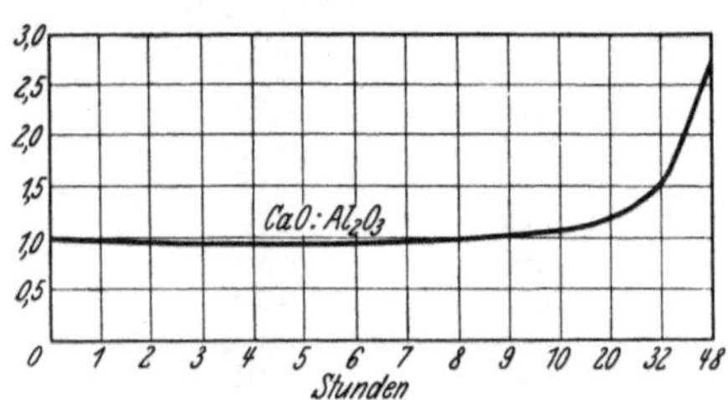

Abb. 8. Molekulares Verhältnis CaO/Al_2O_3.

Kalziumaluminate. Wenn man Monokalziumaluminat, Trikalziumpentaaluminat und Pentakalziumtrialuminat mit Wasser ausschüttelt, so erhält man ganz ähnliche Erscheinungen, wie sie in Tabelle 1 und in Abb. 7 und 8 dargestellt sind. Es wurden dann noch die für spätere Untersuchungen zurückgestellten Filtrate untersucht. Schon einige Stunden nach dem Filtrieren wurde das Filtrat trübe, und es fiel eine feine kristalline Substanz aus, die den Boden der Gefäße bedeckte. Nach einigen Tagen traten an den Wänden der Gefäße kleine Kristallsphärolithe auf. Danach wurden diese Sphärolithe wiederum mit einer feinen Schicht von amorphem Material überzogen. Die Kristalle und die amorphe Substanz wurden chemisch und mikroskopisch untersucht. Die Kristalle waren flache hexagonale Platten mit den von S. Wells bestimmten Projektionsindizes $\omega = 1{,}535 \pm 0{,}004$ und $\varepsilon = 1{,}515 \pm 0{,}005$. Die Sphärolithe bestanden aus strahlenförmigen Aggregaten dieser Kristalle. Die Refraktionsindizes stimmen genau mit

[1] Wells, Lansing S.: B. S. J. Research 1, 951—1009 (1928).

den von S. Wells und Klein und Phillips für hydratisiertes Tri-kalziumaluminat bestimmten überein. Das amorphe Material war kolloidal und ohne Kristallform. Die chemische Prüfung nach der White-schen und nach der Keisermannschen Methode ergab, daß die Kristalle Kalziumaluminat, das amorphe Material hydratisierte Tonerde waren. Beide zeigten keinerlei Reaktion mit Whitescher Lösung, die zum Nach-weis von freiem Kalk dient.

Durch diese Untersuchungen sowie durch die Arbeit von Lansing S. Wells ist die Existenz wäßriger Monokalziumaluminatlösungen sehr wahrscheinlich gemacht worden, und damit kann die abbindebeschleuni-gende Wirkung des Tonerdezements auf den Portlandzement durch das Monokalziumaluminat als erwiesen gelten. Um dies noch weiter zu er-härten, wurde Monokalziumaluminat zu Portlandzement in ganz geringen Mengen zugesetzt, wobei nach dem Hinzufügen von Wasser sofortiges Abbinden eintrat.

Was geschieht nun beim Abbinden von Gemischen beider Zemente unter dem Mikroskop? Schon Klein und Phillips hatten in ihren Untersuchungen über die Hydratation von Portlandzement Reihen von Mischungen von ungefähr 3 Teilen β-Dikalziumsilikat mit je einem Teil von Trikalziumaluminat, Pentakalziumtrialuminat und Monokalzium-aluminat untersucht. Sie konnten zeigen, daß, wenn diese Mischungen mit einem Überschuß von Wasser versetzt unter das Mikroskop gelegt wurden, die Aluminate kurze Zeit nach dem Hinzufügen des Wassers zu der Mischung unter Bildung von Nadeln und Plättchen von hydrati-siertem Trikalziumaluminat in allen Mischungen zu hydratisieren be-gannen. Es wurde weiterhin in den Mischungen des Dikalziumsilikats mit dem Pentakalziumtrialuminat und dem Monokalziumaluminat das Auftreten von amorpher hydratisierter Tonerde beobachtet. Das Silikat hydratisierte innerhalb zwei Tagen unter Bildung von gelatinösem Material, das später das ganze Deckglas bedeckte. Dieser Befund konnte später von Lansing S. Wells in dieser Form nicht bestätigt werden.

Um die Einwirkung des Wassers auf Tonerdezement-Portlandzement-gemische unter dem Mikroskop zu beobachten, wurden Pulverprä-parate in verschiedenen Mengenverhältnissen hergestellt. Eine kleine Menge von den Proben wurde auf Objektträger gebracht, ein wenig Wasser hinzugegeben und das Deckgläschen einparaffiniert, um ein Verdampfen der Flüssigkeit und die Einwirkung von Kohlensäure auf die Präparate zu verhüten. Es ergab sich hierbei folgendes:

Bei gewöhnlichem Portlandzement mit 10% Tonerdezement zeigen sich nach 5 Min. die ersten kleinen Nadelkriställchen, die sich rasch ver-größern und vermehren. Nach 15 Min. sind die Kristalle schon sehr groß, und nach 24 Stunden haben sie ihre maximale Größe erreicht.

18   Einige Untersuchungen über das Abbinden und Erhärten des Zements.

Bei gewöhnlichem Portlandzement mit 20% Tonerdezement entstehen die ersten feinen Nadelkriställchen schon nach 2 Min. unter sehr schnellem Wachstum und starker Vermehrung. Nach 5 Min. sind sie so groß wie bei dem Versuch mit 10% Tonerdezement erst nach 15 Min. Nach 24 Stunden haben auch hier die Kristalle ihre maximale Größe erreicht.

Bei gewöhnlichem Portlandzement mit 30% Tonerdezement treten die ersten Kriställchen schon nach 1 Min. auf und sind schon nach 4 Min. so groß wie bei dem Versuch mit 20% Tonerdezement nach 5 Min.

Abb. 9 und 10 zeigen die mikrophotographischen Aufnahmen von Portlandzement-Tonerdezementmischungen, Abb. 9 30 Min., Abb. 10 3 Stunden nach dem Versetzen mit Wasser. Aus dem Vergleich der beiden Aufnahmen erhellt das Wachstum und die Vermehrung dieser Kristalle.

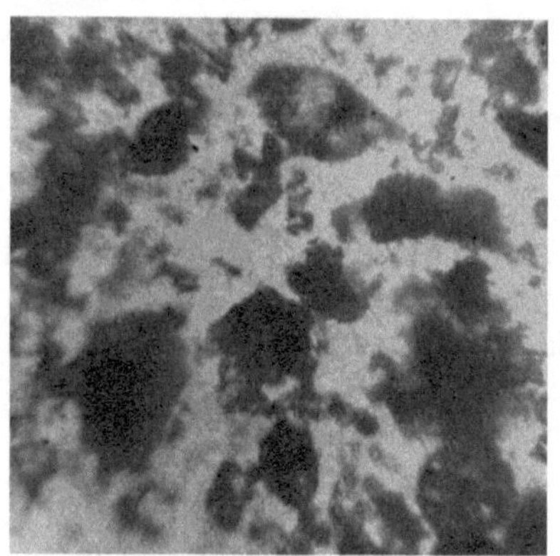

Abb. 9. Portlandzement-Tonerdezement-
gemisch nach 30 Min.

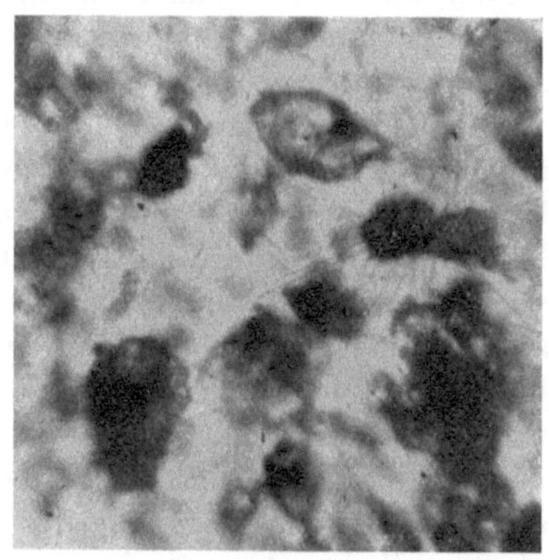

Abb. 10. Präparat der Abb. 9. Portlandzement-
Tonerdezementgemisch nach 3 Stunden.

Reiner Portlandzement zeigt erst nach 8 bis 10 Stunden das Auftreten von Nadelkristallen, ebenso reiner Tonerdezement. Nach diesen Versuchen scheint es so zu sein, daß beim reinen Portlandzement erst nach 6 bis 8 Stunden die für das Entstehen der Kristallnadeln notwendige Menge von hydratisiertem Aluminat vorhanden ist, während beim reinen Tonerdezement erst nach 6 bis 8 Stunden die Hydrolyse des Dikalziumsilikates so weit vorgeschritten ist, daß die dadurch freigewordenen Mengen von $Ca(OH)_2$ ausreichen, um die Kristallnadeln, die als Trikalziumaluminat anzusprechen sind, zu bilden. Es war daher zu erwarten, daß ein Zement, der nur geringe Mengen von Tonerde enthält, wie z. B. der Erzzement, erst nach sehr viel längerer Zeit das Auftreten von Kristallnadeln zuläßt als der Portlandzement.

Um diese Annahme zu bestätigen, wurde die Einwirkung des Wassers auf Erzzement, Hochofenzement, Traßzement und Portlandjurament mikroskopisch untersucht. Hierbei zeigte sich, daß beim Erzzement erst nach 20 Stunden einige wenige winzig kleine Kriställchen auftreten. Nach Verlauf von 48 Stunden zeigt sich noch nahezu das gleiche Bild wie nach 20 Stunden. Die Kristallbildung ist beim tonerdearmen Erzzement gegenüber dem Portlandzement äußerst stark zurückgetreten. Noch stärker ist dies beim Hochofenzement und beim Traßzement der Fall. Bei letzterem konnten selbst nach Verlauf von 3 Tagen keinerlei Kristallbildungen beobachtet werden. Es wurde dann noch die Einwirkung von Tonerdezement auf Erzzement untersucht. Zu diesem Zweck wurde Erzzement mit 10% Tonerdezement vermischt und eine Probe dieses Gemisches in der üblichen Weise für die mikroskopische Untersuchung präpariert. Dabei konnte beobachtet werden, daß nunmehr schon nach 15 Min. die ersten kleinen Nadelkristalle auftraten, die sich, allerdings

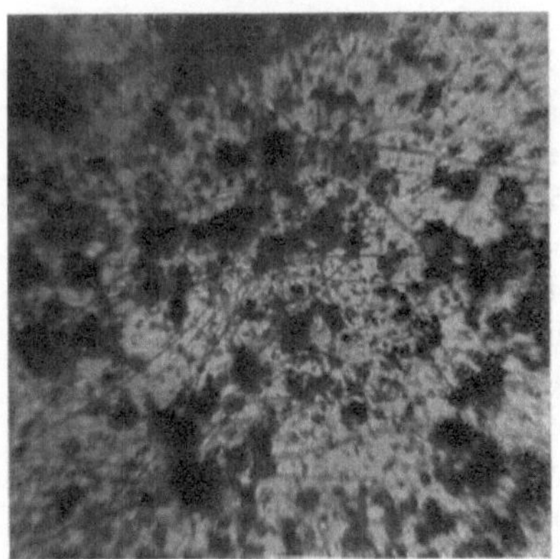

Abb. 11. Erzzement + 10% Tonerdezement
nach 24 Stunden.

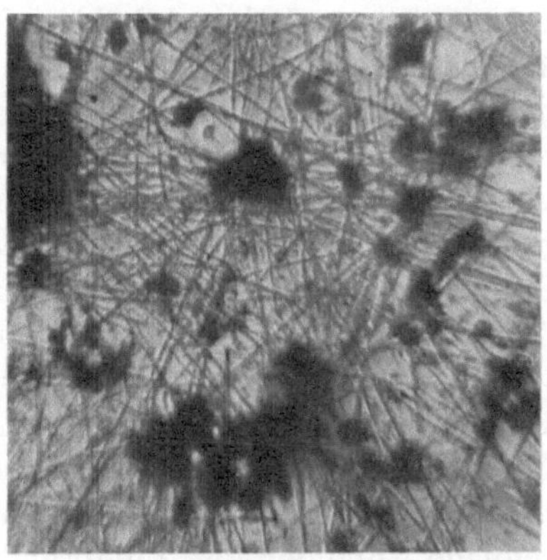

Abb. 12. Erzzement + 10% Tonerdezement
nach 3 Tagen.

nicht so rasch wie bei den Portlandzement-Tonerdezementgemischen, vermehrten und sich auch nur langsam vergrößerten. Nach 24 Stunden waren die Kristalle jedoch zu riesiger Länge angewachsen. Sie waren ungefähr 4- bis 5mal so groß wie die Kristalle bei den Portlandzement-Tonerdezementgemischen. Abb. 11 und 12 zeigen Aufnahmen von zwei Präparaten bei verschiedener Vergrößerung und nach verschiedenen Zeiten.

Diese Versuche zeigen also, daß die Reaktion des Monokalziumaluminats im Tonerdezement mit dem Kalk des Portlandzements (herstammend von der Hydrolyse des Trikalziumsilikats), die zur Bildung von Dikalziumaluminat führt, viel schneller vor sich geht als die Umbildung des Trikalziumaluminats in Tetrakalziumaluminat, und daß ferner, wie wir schon oben begründeten (siehe S. 12), das allein mögliche Silikat bei Anwesenheit von Monokalziumaluminat das Dikalziumsilikat ist. Daher erzeugt ein Zusatz von Spuren von Portlandzement zum Tonerdezement ebenso wie ein Zusatz von Spuren von Tonerdezement zum Portlandzement stets den gleichen Effekt, nämlich ein sofortiges Abbinden des Zements, wie dies Abb. 6 zeigt, und damit sind die theoretischen Erwartungen von Erculisse experimentell bestätigt.

Es kommen nun in der Praxis des öfteren Portlandzemente vor, die außerordentlich schnelles Abbinden zeigen. Wenn unsere Versuche richtig sind, so ist dieses schnelle Abbinden auf die Anwesenheit von Monokalziumaluminat zurückzuführen, und es fragt sich nunmehr, woher das Monokalziumaluminat im Portlandzement stammt. Auskunft hierüber gibt das Rankinsche Diagramm. Hiernach ist das Trikalziumaluminat des Portlandzements bei höherer Temperatur nicht beständig. Bei 1455° dissoziiert es und spaltet sich in weniger basische Aluminate, beispielshalber in $5\,CaO \cdot 3\,Al_2O_3$, dessen Schmelzpunkt bei 1455° liegt. Bei noch höherer Temperatur dissoziiert auch das Pentakalziumtrialuminat, und es bilden sich Kalk und Monokalziumaluminat, das oberhalb 1600° beständig ist. Danach kann das schnelle Abbinden mancher Zemente darauf zurückgeführt werden, daß der Klinker, wenn auch nur vorübergehend, überhitzt wurde. Diese Überhitzung braucht nur kurze Zeit eingewirkt zu haben, da, wie wir gezeigt haben, nur Spuren von Monokalziumaluminat notwendig sind, um ein sofortiges Abbinden herbeizuführen. Prinzipiell bildet sich bei jedem Brand spurenweise Monokalziumaluminat, so daß jeder Zement unmittelbar nach dem Brennen schnelles Abbinden zeigt. Durch längeres Lagern wird dann das Monokalziumaluminat teils zu Kalziumkarbonat und Tonerde umgewandelt, teils wieder in Pentakalziumtrialuminat übergeführt. Das schnelle Abbinden des Jungbrands ist auf die Anwesenheit von Spuren von Monokalziumaluminat zurückzuführen.

Es wurde oben gezeigt, daß bei Proben von Portlandzement-Tonerdezementgemischen unter dem Mikroskop schon wenige Minuten nach dem Zusatz des Wassers Kristallbildung eintritt. Es läßt sich ein solches Gemisch auf diese Weise ohne weiteres erkennen. Es war nun interessant, zu untersuchen, ob die schnell abbindenden Portlandzemente, also solche, die beim Brennprozeß überhitzt wurden, oder Jungbrandzemente, gleichfalls unter dem Mikroskop sofortige Kristallbildung zeigen. Für diese Untersuchungen standen mir geeignete Portlandzemente zur Verfügung. Alle zeigten kurze Zeit nach dem Zusatz des Wassers starke Kristallbildung. Es ist hiermit ein Weg gegeben, derartige Zemente durch mikroskopische Beobachtung einwandfrei zu erkennen. Ein ähnliches mikroskopisches Verfahren wendet neuerdings S. Michelsen[1] an zur Erkennung der hydraulischen Eigenschaften

---

[1] Michelsen, S.: Zement **25**, 588 (1931).

granulierter Hochofenschlacken. Michelsen bringt Hochofenschlacken durch eine Erregerflüssigkeit (2%ige Aluminiumsulfatlösung) zur Bildung von Nadelkristallen und mißt die Wachstumsgeschwindigkeit dieser Kristalle.

Es ist oft versucht worden, Mischungen von Portlandzement und Tonerdezement zu benutzen. Es ist weiterhin versucht worden, eine solche Reihe von Zementen von verschiedener Zusammensetzung zwischen Portlandzement und Tonerdezement zu erzeugen, die einen kontinuierlichen Übergang zwischen den beiden Arten von Zementen darstellen. Man braucht nur das Dreistoffsystem $CaO - Al_2O_3 - SiO_2$ zu betrachten, um zu erkennen, daß dies zwecklos ist. Trikalziumsilikat ist unvereinbar mit Monokalziumaluminat.

Es ist bekannt, daß Portlandzement und Tonerdezement sich gegenüber der Einwirkung von salzhaltigen Lösungen verschieden verhalten, und zwar ist der Tonerdezement gegenüber dem Angriff von Sulfatsalzlösungen weitaus beständiger als Portlandzement. Auf das Verhalten dieser Zemente gegen Salzlösungen sei später näher eingegangen. Hier interessiert zunächst nur folgendes: Man hat versucht, sich die Beständigkeit des Tonerdezements gegenüber Salzlösungen dadurch zunutze zu machen, daß man Beton aus Portlandzement mit einer Schutzschicht, einem Mörtelverputz aus Tonerdezement, umgab. Es war zunächst zu erwarten, daß der Tonerdezement des Verputzes durch Sulfatsalzlösungen nicht angegriffen würde, und der dahinterliegende Portlandzementbeton vor dem Angriff der Salzlösungen geschützt sein würde. Solche Versuche werden seit einer Reihe von Jahren in der Bautechnischen Versuchsanstalt ausgeführt[1]. Zu diesem Zweck wurden Würfel aus Portlandzementbeton nach 7 Tagen mit einem Tonerdezementverputz (Mischungsverhältnis 1 : 1, 1 : 2, 1 : 3 und 1 : 4 Tonerdezement : Normensand) von verschiedener Wandstärke (2, 4 und 6 cm Dicke) umhüllt. Die so hergestellten Körper wurden nach weiteren 7 Tagen in 15%ige $MgSO_4$-Lösung gelagert. Es zeigte sich, daß die Körper trotz des Tonerdezementverputzes durch die Salzlösung angegriffen wurden, und zwar zunächst die Körper mit dem zementärmsten Verputz, danach aber auch die Körper mit den fetteren Verputzen wie 1 : 3 und 1 : 2. Diese Versuche zeigen zunächst, daß der Zement selbst eine abdichtende Wirkung hat, indem aggressive Flüssigkeiten in magere Mischungen leichter einzudringen vermögen als in fette. Für die 1 : 1 verputzten Körper stehen die Zerstörungen noch aus. Sie sind aber auch hier zu erwarten. Es erhebt sich nunmehr die Frage, wie dieses zunächst nicht zu erwartende Ergebnis chemisch zu begründen ist.

Zunächst wurde die Art dieser Zerstörungen einer genauen Prüfung

---

[1] Die Mittel für diese Untersuchungen wurden von der Emscher Genossenschaft zur Verfügung gestellt.

unterzogen. Dabei stellte sich heraus, daß in den meisten Fällen der Verputz vom darunterliegenden Portlandzementbeton abgesprengt worden war, so daß der Tonerdezementverputz und nicht der Portlandzementbeton Zerstörungen aufwies (Abb. 13). Dies legte wiederum die Vermutung nahe, daß der Tonerdezement sich beim Erhärten irgendwie verändert haben mußte. Nach dem oben Gezeigten ist dies durchaus verständlich. Der Portlandzement scheidet beim Abbinden, bei der Hydrolyse des Trikalziumsilikats, große Mengen von $Ca(OH)_2$ aus, die sich natürlich auch auf der Oberfläche des Zements befinden. Wird nun auf den in dieser Weise abgebundenen Zement Tonerdezement gegeben, so wird dieser an den Stellen, wo er mit dem Kalk des Portlandzements in Berührung kommt, also an der ganzen Berührungsfläche, zum Schnellbinder. Das Monokalziumaluminat reagiert mit dem Kalk momentan unter Bildung von Dikalziumaluminat. Der in dieser Weise abgebundene Tonerdezement hat an diesen Stellen, also wieder an der ganzen Berührungsfläche, keinerlei Festigkeit und haftet überhaupt nicht auf der darunter befindlichen Fläche. Wir hatten gesehen, daß durch einen Zusatz von Monokalziumaluminat oder durch Tonerdezement die Hydrolyse des Trikalziumsilikats be-

Abb. 13. Portlandzementbeton mit Tonerdezementverputz.

schleunigt wird, wobei sich Kalk ausscheidet. Das gleiche tritt ein, wenn frisch angemachter Tonerdezement auf abgebundenen Zement gebracht wird. Es tritt erneut eine starke Hydrolyse des Trikalziumsilikats an den Oberflächenschichten des Portlandzements ein, wobei Kalk abgeschieden wird. Dieser dringt in den abbindenden Tonerdezement ein und verändert ihn völlig, indem er ein ruhiges Abbinden dieses Zements unter Gelbildung verhindert. Das gelöste Kalkhydrat vermag um so tiefer einzudringen, je weniger Tonerdezement der Verputz enthält (abdichtende Wirkung des Zements!). Je ärmer der Verputz an Tonerdezement ist, desto mehr wird der Tonerdezement durch den Kalk in einen Schnellbinder umgewandelt. Von solch einem Tonerdezement wissen wir aber nun, daß er nur geringe Festigkeit hat und gegen Salzlösungen nicht beständig ist.

Um dies zu belegen, wurden Zugkörper aus reinem Zement hergestellt, von denen je eine der beiden Hälften aus gleichem oder aus verschiedenem Zement bestand. Auf diese Weise konnte die Haftfestigkeit der Zemente verglichen werden. Die Herstellung dieser Körper geschah so, daß die bekannten Normenzugformen in der Mitte mit einem kleinen Eisenblech in zwei Hälften geteilt wurden und dann in eine der beiden Hälften Zementbrei normaler Konsistenz eingebracht wurde. 12 Stunden später, also nach dem Abbinden des Zements, wurde das Blech entfernt und nun die zweite Hälfte der Form mit dem anderen Zementbrei gefüllt. Die Körper wurden nach weiteren 24 Stunden entschalt und nach 7 Tagen auf Zugfestigkeit geprüft. Wichtiger als diese Zugfestigkeitsprüfung war die mikroskopische Untersuchung der Trennungsebene zwischen den beiden Zementen, deren Schnitt aus den Abb. 14 bis 17 in 70facher Vergröße-

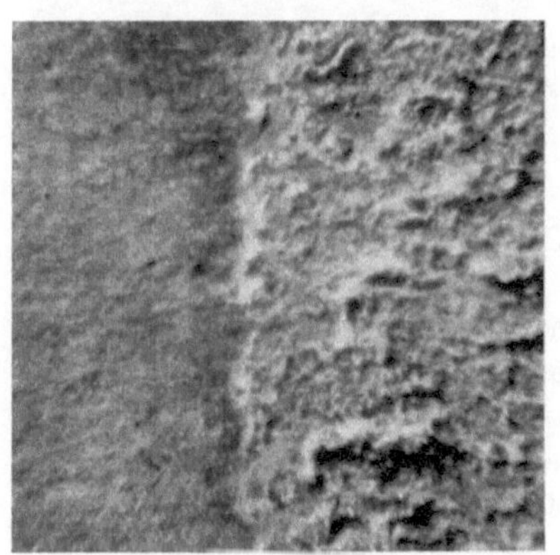

Abb. 14. Portlandzement gegen Portlandzement. Völlig glatter Verbund.

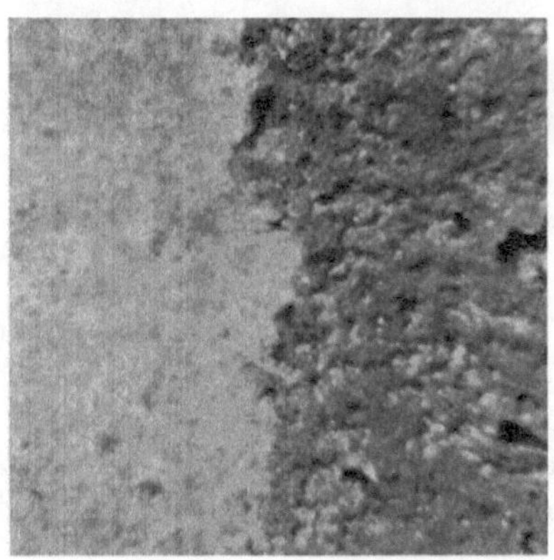

Abb. 15. Portlandzement gegen Hochofenzement. Auch hier völlig glatter Verbund.

rung ersichtlich ist. Abb. 14 zeigt die Grenzlinie Portlandzement gegen Portlandzement. Der Verbund ist völlig glatt, die Haftfestigkeit gut. In Abb. 15 ist die Grenzlinie Portlandzement gegen Hochofenzement dargestellt. Auch hier ist der Übergang völlig glatt, ohne Trennungsfuge. Es handelt sich bei diesen Zementen um dem Wesen nach gleichartige Substanzen. Anders wird dies bei der Gegenüberstellung von Portlandzement und Tonerdezement (Abb. 16 und 17). Hier zeigt sich eine scharfe Trennungsfuge, in der sich körniges, sehr wenig festes, schnell abgebundenes Zementmaterial befindet, und zwar ist bei Abb. 16 zuerst Portlandzement und danach Tonerdezement, bei Abb. 17 erst Tonerdezement und dann Portlandzement hergestellt worden. In beiden Fällen ergibt sich das gleiche Bild. Die aggressive Flüssigkeit dringt bis zu dieser Fuge vor und bewirkt dort die Zerstörungen. Makroskopisch ergeben sich Bilder, wie sie Abb. 18 und 19 zeigen. Abb. 18 zeigt die Trennungsfläche Portlandzement gegen Portlandzement bei verschiedenen Körpern. Man sieht deutlich einen völlig glatten Übergang zwischen den beiden, zu verschiedenen Zeiten abgebundenen Zementen. Anders ist es bei Abb. 19, die das Verhalten von Portlandzement gegen Tonerdezement zeigt. Das

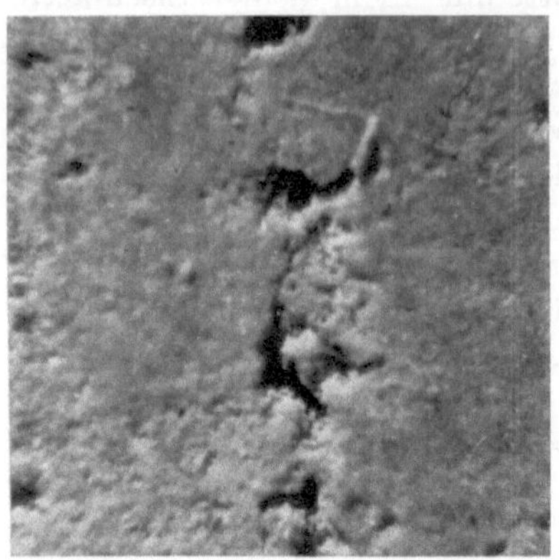
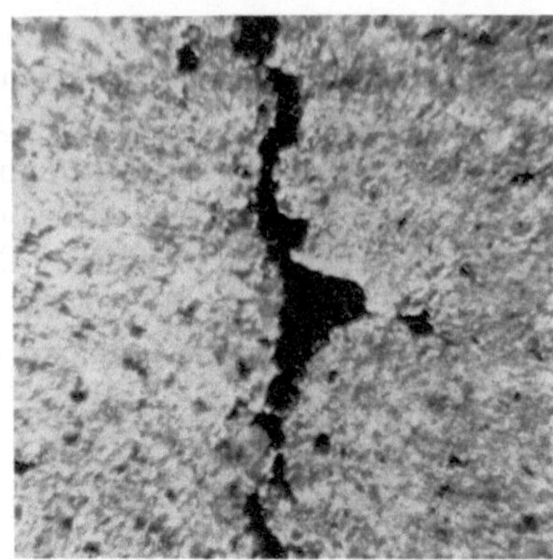

Abb. 16.   Abb. 17.

Abb. 16 u. 17. Portlandzement gegen Tonerdezement. Die dunklere Seite ist Tonerdezement.
Die Trennungsfläche ist tief zerklüftet.

Verhalten dieser beiden Zemente gegeneinander ist durch das Entstehen von Trennungsfugen und durch weiße Ausblühungen von Kalk an den Trennungsflächen charakterisiert. Damit ist bewiesen, daß Tonerdezement als Verputz auf Portlandzementbeton zum Schutz gegen Angriffe von Salzlösungen nicht geeignet ist.

Abb. 18. Portlandzement gegen Portlandzement.

Es war oben gesagt worden, daß bei mikroskopischen Pulverpräparaten (kleine Zementmenge mit einem großen Überschuß von Wasser) der Abbinde- und Erhärtungsprozeß unter starker Kristallbildung verläuft, und es war gezeigt worden, wie man dieses Kristallisationsvermögen zur Charakterisierung von Portlandzement - Tonerdezement-

gemischen, von überhitzten Portlandzementen und von Jungbränden
verwenden kann. Es erhebt sich nunmehr die Frage, ob auch in abgebundenen und erhärteten Portlandzementen oder Tonerdezementen,
die mit einer normalen Wassermenge (ca. 28 bis 30%) angemacht worden
waren, die in mikroskopischen Pulverpräparaten gefundenen Kristalle
beobachtet werden können. Die Versuche von Kühl[1] und Pulfrich
und Link[2] sprechen gegen das Auftreten von Kristallen. Da aber bis
heute immer wieder versucht wird, das normale Abbinden und Erhärten der Zemente mit den bei den mikroskopischen Präparaten beobachteten Kristallisationsvorgängen in Verbindung zu bringen, so erschien
es notwendig, das Tatsachenmaterial über die Vorgänge im abgebundenen
und erhärteten Zement hinsichtlich der Bildung von Kristallen erneut
eingehend zu untersuchen. Zu diesem Zweck wurden kleine Würfelchen

Abb. 19.   Portlandzement gegen Tonerdezement.

aus reinen Zementen verschiedener Art mit einer Wassermenge von
26 bis 28% Wasser hergestellt. Nach einer Wasserlagerung von 7 Tagen
und nach einer kombinierten Lagerung von 28 Tagen[3] und 2 Monaten
wurden aus der Mitte der Würfelchen Proben herausgemeißelt und aus
diesen Proben Dünnschliffe von gewöhnlichen und hochwertigen Portlandzementen, von Hochofenzementen und Tonerdezementen hergestellt.
Bei keinem dieser Dünnschliffe konnten größere Kristallbildungen beobachtet werden. Bei den Portlandzementen wurden in jedem Dünnschliff
einige wenige $Ca(OH)_2$-Kristalle festgestellt, andere Kristalle jedoch
nicht. Kristallbildungen, wie sie bei den mikroskopischen Pulverpräparaten auftreten, waren in keinem der untersuchten Dünnschliffe zu
beobachten. Wenn kristalline Gebilde in einem normal abgebundenen
Zement auftreten, so müssen sie unter mikroskopischer Sichtbarkeit

---

[1] Kühl, H: Zement **13**, 362 (1924); Tonind.-Zg. **96**, 1690—1692 (1929).

[2] Pulfrich, H., u. G. Link: Kolloid-Z. **34**, 117 (1924).

[3] 28 Tage kombinierte Lagerung = Lagerung 1 Tag in feuchter Luft, 6 Tage
in Wasser und 21 Tage in Luft.

liegen. Die Existenz von Kristallen von submikroskopischer Größe im erhärteten Zement ist durchaus möglich, ja sogar sehr wahrscheinlich. Man kann jedoch nicht, wie dies zuweilen geschieht, die bei Pulverpräparaten erhaltenen mikroskopisch sichtbaren Kristalle ohne weiteres in Analogie setzen mit solchen hypothetischen submikroskopischen Kriställchen.

Es bestand noch die Möglichkeit, daß etwa vorhandene Kristalle während des Schleifens durch die Einwirkung des Wassers gelöst wurden. Um diese Möglichkeit auszuschalten, wurden beim Schleifen des Schliffes verschiedene Benetzungsflüssigkeiten wie absoluter Alkohol, Benzol und Toluol verwendet. Hierbei ergab sich stets das gleiche Bild wie bei Verwendung von Wasser (siehe Abb. 20 und 21). Abb. 20 läßt die außer-

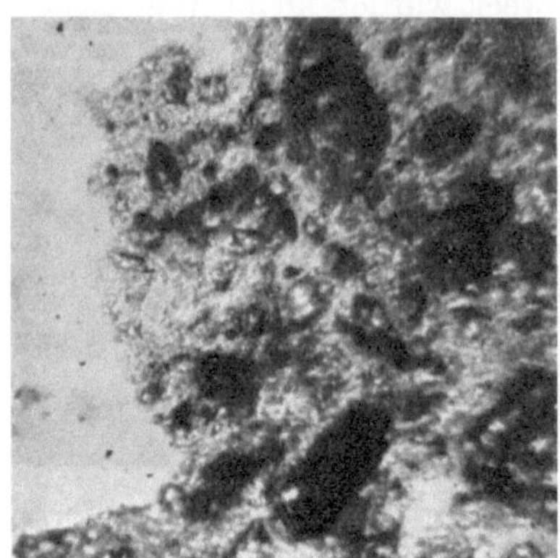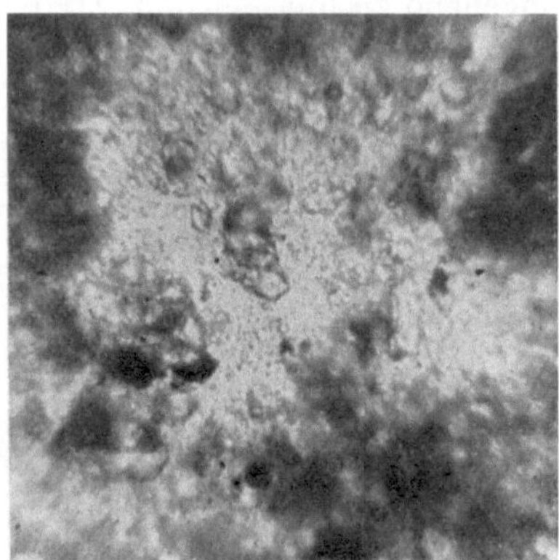

Abb. 20.   Abb. 21.

Abb. 20 u. 21. Dünnschliff von abgebundenem Zement. Alter 2 Monate.

ordentlich feine Gelschicht erkennen, in der die gröberen Zementkörner eingebettet sind. Abb. 21 zeigt einige hexagonale $Ca(OH)_2$-Kristalle, die sich in der Gelschicht befinden.

Damit sind die Untersuchungen von Kühl sowie von Pulfrich und Link vollauf bestätigt, und die Theorie des kristallinen Erhärtungsprozesses verliert zunächst an Wahrscheinlichkeit. Es ist so, daß Portlandzement durch sehr viel Wasser völlig zersetzt und in die freien Hydroxyde aufgespalten wird. Durch Reaktion dieser frei gewordenen zahlreichen Verbindungen untereinander entstehen dann jene zahllosen Kristallbildungen, wie sie oben beschrieben und von Ambronn, Keisermann, Blumenthal, Klein und Phillips u. a. beobachtet wurden. Wird aber Portlandzement mit den in der Praxis üblichen verhältnismäßig geringen Wassermengen versetzt, dann sind zum wenigsten die Reaktionsgeschwindigkeiten andere, und der topochemische Charakter der Reaktionen ist völlig anders. Der Zement wird unter diesen Umständen nicht völlig aufgespalten, und die Bildung der verschiedenen, unter anderen Verhältnissen beobachteten Kristalle findet nicht statt. Damit gewinnt die Geltheorie von Michaelis an Berechtigung, und es ist nunmehr unsere Aufgabe, experimentelles Material zur Bekräftigung dieser Theorie heranzuschaffen.

2. Die Viskosität abbindender Zemente.

Ein Ausdruck für den Grad der Gelatinierung eines Systems ist die durch die innere Reibung der Teilchen dargestellte Viskosität. Diese Reibung wird mit fortschreitender Gelatinierung größer und erreicht schließlich bei weiterer Erhärtung des untersuchten Gels ein Maximum. Da das Abbinden des Zements ja in der Weise vor sich geht, daß ein ursprünglich flüssiges System allmählich zähflüssig und schließlich völlig hart wird, so kann die Messung der Viskosität infolgedessen ein genaues Abbild der Abbinde- und Erhärtungsprozesse im Zement geben. Auf die Bedeutung der viskosimetrischen Methode für das Studium der Kinetik kolloidchemischer Reaktionen hat Wo. Ostwald schon vor einer Reihe von Jahren hingewiesen. Zu nennen sind hier Ostwalds eigene Arbeiten über die Viskosimetrie von Gipssuspensionen und Brotteigen[1]. Weiterhin hat er auf die Messung der Viskosität von abbindendem Zement aufmerksam gemacht, ohne jedoch selbst Messungen dieser Art auszuführen.

Viskosimetrische Messungen werden ja bei der Normenprobe täglich seit dem Bestehen der Normenprüfung in jedem bautechnischen Laboratorium in technischem Maßstab ausgeführt[2]. Diese Messung geschieht so, daß eine Mischung von 100 Teilen Zement mit 27 bis 28 Teilen Wasser zu breiartiger Konsistenz angemacht wird, und daß dann die Viskosität und, Hand in Hand mit ihr, Beginn und Ende des Abbindevorganges nach dem Verfahren von Vicat mittels einer Nadel von bestimmtem Querschnitt und bestimmter Belastung gemessen wird. Dieses Verfahren besitzt jedoch nur technischen Wert. Für wissenschaftliche Untersuchungen ist es nicht brauchbar, da man, wie dies neuerdings Platzmann[3] in einer Abhandlung nachwies, nach diesem Verfahren nur ungenaue, im einzelnen nicht reproduzierbare Werte erhält.

Die Untersuchungen von Ostwald sowie von Maeda[4] erstrecken sich auf sehr verdünnte Systeme, auf Suspensionen, realisieren also Ver-

---

[1] Ostwald, Wo., u. Wolski: Kolloid-Z. **27**, 78 (1920). Ostwald, Wo., u. H. Lüers: Kolloid-Z. **25**, 117 (1918).

[2] Tetmayer, L.: Mitteilungen der Anstalt zur Prüfung von Baustoffen, H. 5, S. 48. Zürich 1893.

[3] Platzmann, R. C.: Zement **37**, 837 (1929); **43**, 1277 (1929).

[4] Maeda, T.: Scientific papers of the Institute of physical and chemical research, Tokio **4**, 102 (1926).

hältnisse, wie sie bei der mikroskopischen Untersuchung von kleinen Mengen Zement mit großen Mengen Wasser auf dem Objektträger vorliegen. Wir konnten oben zeigen, daß die normalen, in der Praxis vorkommenden Zementbreie etwas hiervon völlig Verschiedenes darstellen. Die Viskosität von technischen Zementwassergemischen ist erstmalig von H. Geßner[1] gemessen worden. Er verfährt dabei so, daß er Zementbrei von nahezu normaler Konsistenz (er verwendet statt normalerweise 26 bis 27 % ungefähr 30 bis 32 % Wasser) und eine Vergleichsflüssigkeit, z. B. Glyzerin, unter ziemlich starkem Druck durch Kapillaren von gleichem Durchmesser hochsaugt und dann die in gleichen Zeiten durchgeflossenen Mengen mißt. Er erhält bei graphischer Darstellung der Ergebnisse Kurven, die zu Beginn des Abbindens ein langsames Ansteigen der Viskosität zeigen, das dann bei den meisten Zementproben nach einer halben Stunde stärker wird.

Der Befund von Geßner, nach dem Zement in der Weise abbindet, daß die Viskosität stetig und immer rascher ansteigt, scheint mit den Arbeiten von Nacken[2] über die Hydratation des Zements nicht ohne weiteres im Einklang zu stehen. Aus diesen Arbeiten ergibt sich nämlich, daß die Hydratation des abbindenden Zements nicht kontinuierlich verläuft, daß sich vielmehr entsprechend den Abbindevorgängen gewisse Haltepunkte in den ersten Zeiten ausbilden. Solche Haltepunkte sollten eigentlich auch in der Viskosität des Zementwassersystems zum Ausdruck kommen und bei der Empfindlichkeit viskosimetrischer Messungen auch viskosimetrisch irgendwie nachgewiesen werden können.

Wir stellten uns nun die Aufgabe zu untersuchen, innerhalb welcher Versuchsgrenzen eine viskosimetrische Messung so hochviskoser Flüssigkeiten, wie sie technische Zementbreie darstellen, mit den bisher üblichen Methoden überhaupt möglich ist, und inwieweit diese Methoden für den geforderten Zweck modifiziert werden müssen. Sodann sollte die Viskosität abbindender Zemente genau gemessen und der Einfluß von Elektrolytzusätzen auf das Abbinden des Zements verfolgt werden. Diese Untersuchungen wurden gemeinsam von A. Deubel und mir ausgeführt und haben zu folgenden Ergebnissen geführt[3]:

a) Die Meßmethode. Die wichtigste Bedingung für viskosimetrische Messungen ist absolute Thermokonstanz. Da wir wegen der räumlichen Ausdehnung der Apparatur nicht in einem Wasserthermostaten arbeiten konnten, kam nur ein Raum mit konstanter Temperatur und konstanter Feuchtigkeit in Frage. Ein solcher Raum stand uns im Kellergeschoß der Bautechnischen Versuchsanstalt der Technischen Hochschule zur

---

[1] Geßner, H.: Kolloid-Z. 36 (1928); 37 (1929).

[2] Nacken, R.: Zement 47 (1929); 48 (1929); 16, 1013 (1927).

[3] Dorsch, K. E., u. A. Deubel: Kolloid-Z. 51, 1, 180—186 (1930).

Verfügung. Der Zutritt zu dem Raum geschah durch zwei gleichfalls isolierte Vorräume. Der Meßraum wurde elektrisch geheizt. Die Heizung wurde durch einen Thermoregulator auf bestimmte Temperaturen selbsttätig eingestellt. Hierdurch waren wir in der Lage, während der ganzen Dauer unserer Versuche die gesamte Apparatur auf konstanter Temperatur (15 $\pm$ 0,2° C) zu halten. Auch die Temperatur des Zements und des Anmachwassers wurde thermisch reguliert[1]. Die Feuchtigkeit in dem Raum betrug konstant 100%. Hierzu brauchte ein im Vorraum befindliches, mehrere Quadratmeter großes Becken nur feucht gehalten zu werden. In dem Raum war gleichzeitig eine Schüttelmaschine aufgestellt, deren Umlaufszahl mittels Widerstand und Ampèremeter auf Konstanz reguliert wurde.

Zur eigentlichen Messung diente ein für unsere Zwecke abgeändertes Heßsches Viskosimeter[2]. Abb. 22 zeigt eine schematische Darstellung der Apparatur.

In der Vakuumflasche V wird zunächst mittels Wasserstrahlpumpe ein an einem mit Tetrachlorkohlenstoff gefüllten Manometer M ablesbarer, kleiner Unterdruck hergestellt. Dadurch wird Wasser aus der mit

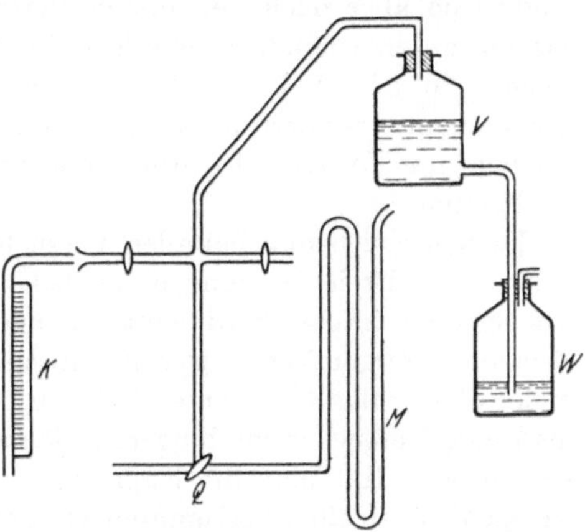

Abb. 22. Apparatur zur Messung der Viskosität.

V verbundenen, tiefer stehenden Flasche W nach V hochgesaugt. Bei einer gewissen Höhe des Wasserniveaus in V wird durch den Dreiwegehahn Q, der die Wasserstrahlpumpe mit V und W verbindet, die Wasserstrahlpumpe abgeschaltet. Die Größe des nunmehr vorliegenden Unterdruckes ist proportional der Niveaudifferenz der Wasseroberflächen der Gefäße V und W. Die Kombination V—W ermöglicht Konstanz des Druckes während längerer Zeit, was für rasch aufeinanderfolgende Messungen unbedingt erforderlich ist. Der Normalschliff bei K dient dem Anschluß der Kapillare, hinter der eine Skala in Millimetereinteilung angebracht ist, die die Ablesung der Steighöhe der hochgesogenen viskosen Flüssigkeit gestattet. Die Ablesung erfolgte in Intervallen von 30 Sekunden.

Vor der eigentlichen Messung des Abbindeverlaufs verschiedener Zemente mußte die Apparatur geeicht, d. h. die Brauchbarkeit der

---

[1] Probst, E., u. K. E. Dorsch: Zement 7 (1930).
[2] Stauf, W.: Kolloid-Z. 37, 400 (1925).

Apparatur für die Messung der hier verwendeten hochviskosen Flüssigkeiten festgestellt werden. Ließen sich die Meßresultate nicht reproduzieren, so war damit ohne weiteres ein Mangel der Apparatur angezeigt. Die Eichung der Apparatur erfolgte zunächst mit andersartigen viskosen Flüssigkeiten. Hierfür eigneten sich besonders gut Lösungen von Leim, Gelatine und Kasein in Formamid, da diese Stoffe in jedem Verhältnis in Formamid löslich sind, wobei verschieden viskose klebstoffartige Flüssigkeiten entstehen. Nachdem festgestellt worden war, daß die Apparatur in jeder Hinsicht einwandfrei und schnell arbeitete, gingen wir dazu über, Zementwassergemische zu viskosimetrieren. Dabei zeigte sich aber nach den ersten Versuchen, daß es notwendig war, das zu untersuchende Gemisch weitgehend zu homogenisieren. Dies geschah in der Weise, daß wir nicht nur bestimmte Siebfraktionen der Zemente benutzten, sondern auch den Zement nach dem Anmachen mit Wasser 10 Min. lang kräftig in der Schüttelmaschine schüttelten.

Es zeigte sich nun bei allen Versuchen, daß vor allem zwei Effekte eine einwandfreie Messung unmöglich machten: Erstens Entmischung des Systems infolge Sedimentation und zweitens Strukturbildung des Zementwassergemischs. Der Entmischungseffekt ist um so größer, je mehr Wasser das Gemisch enthält. Dies wird besonders deutlich, wenn man eine Versuchsreihe längere Zeit nach dem Anmachen mit Wasser stehen läßt. Hat man die Kapillare in dieses Gemisch am Anfang des Versuchs bis zu einer bestimmten Tiefe eingetaucht, so wird man, einfach infolge dieser Sedimentation, ganz verschiedene Viskositäten messen, je nachdem ob man zu Beginn des Versuchs oder erst nach längerer Zeit mißt. Hat man z. B. die Kapillare in höherliegende Schichten eingetaucht, so ist die gemessene Viskosität des Gemischs am Anfang des Versuchs größer als nach einiger Zeit, weil sich die spezifisch schwereren Teilchen abgesetzt haben und sich im oberen Teil des Gemischs leichtere Teilchen befinden. Taucht man das Kapillarrohr tiefer in das Gemisch ein, so steigt mit der Zeit die Viskosität an, da die spezifisch schwereren Teilchen sedimentieren und in tiefere Schichten dringen. Kurzum, wir haben es mit einem völlig unhomogenen, sich ständig verändernden System zu tun.

Das Gleiche gilt nicht nur für stehende Zementwassergemische, sondern auch für die in der Kapillare sich aufwärts bewegende Flüssigkeit. Auch hier tritt während des Hochsaugens Sedimentation ein, deren Größe von dem Mischungsverhältnis Zement — Wasser, von der Geschwindigkeit des Durchsaugens (von dem Saugdruck) und von der Viskosität des Gemischs abhängen. Wie man sieht: ein ganzer Komplex von Faktoren, die zum großen Teil völlig undurchsichtig sind und keine einwandfreie Messung ermöglichen.

Wie kann man den Sedimentationseffekt beseitigen? Ganz beseitigen kann man ihn nicht, er wird aber dadurch vermindert, daß man die Kapillare bis zu einer auf Bruchteile eines Millimeters definierten Tiefe eintaucht. Auf diese Weise wird man immer mit ganz bestimmten Flüssigkeiten arbeiten können. Die Sedimentation in der Kapillare aber, die von der Strömungsgeschwindigkeit abhängt, ist eine völlig zufällige und nicht quantitativ erfaßbar. Man beobachtet daher stets als äußeres Zeichen dieser Sedimentation in der Kapillare beim Hochsaugen eine Entmischung. Schließlich besteht der obere Teil des in der Kapillare hochgesaugten Flüssigkeitsgemischs nur noch aus Wasser.

Als zweiter Störungseffekt war oben die Strukturbildung des Zementwassergemischs genannt worden. Entsprechend der Vorstellung von Michaelis, Kühl und Nacken entsteht beim Zusammenbringen von Wasser mit Zement sofort Gel. Diese Gelbildung führt dann zur Entwicklung von Strukturen, die genauere viskosimetrische Messungen unmöglich machen. Diese Strukturen werden durch einfaches Schütteln, also auch durch Einsetzen der Kapillare, zerstört. Läßt man die in den Zementbrei eingesetzte Kapillare auch nur kurze Zeit stehen, so bilden sich die Strukturen sofort wieder aus und führen eine Verstopfung der Kapillare herbei.

Geßner bezeichnet den abbindenden Zement auf Grund dieser Erscheinungen als thixotrop. Man kann diese Erscheinung auch in gewisser Weise als thixotropes Phänomen ansehen. Eine exakte Thixotropie[1] liegt beim Zement jedoch nicht vor, da der Zement ja bei wiederholtem Schütteln mit Wasser stets neue Mengen von Elektrolyt abscheidet (der den Abbinde- und Erhärtungsvorgang in stärkster Weise beeinflußt), sich also fortwährend verändert. Bei wiederholtem Schütteln zerfällt schließlich der Zement unter chemischem Abbau seiner Verbindungen.

Aber genau so wie das Sedimentieren nicht nur beim stehenden Zement, sondern auch in der Kapillare eintritt, genau so tritt die Strukturbildung auch in der Kapillare ein. Saugt man nach dem Einsetzen der Kapillare die viskose Flüssigkeit in die Kapillare hoch, so bilden sich in der Kapillare bevorzugte Stellen aus, d. h. solche Stellen, die sich gegenüber ihrer Umgebung relativ in Ruhe befinden, was zu Strukturbildung innerhalb der Kapillare und zu schließlicher Verstopfung der Kapillare führt. Äußerlich zeigt sich dies in der Weise, daß der kontinuierliche Gang der viskosen Flüssigkeit in der Kapillare sich plötzlich ohne äußere Ursache verlangsamt und schließlich zum Stehen kommt, und daß nur noch Wasser und kein Zementwassergemisch hoch-

---

[1] Freundlich, H., u. A. Rosenthal: Kolloid-Z. **37**, 129 (1925). Freundlich, H., u. W. Rawitzer: Kolloidchem. Beih. **25**, H. 5—9 (1926).

gesaugt wird. Die Geschwindigkeit des Wasserdurchganges hängt von der Dichte der Strukturen ab. Sucht man die Strukturbildung zu vermeiden, indem man nach dem Vorschlag von Ostwald das Gemisch während des Versuches schüttelt, so erhält man Viskositäten für ein irgendwie turbuliertes Gebilde, aber nicht die Viskosität des in Ruhe abbindenden Zements.

Der Effekt der Sedimentation und der Strukturbildung wurde von uns bei sämtlichen viskosimetrisch untersuchten Zementwassergemischen gefunden. Wasserzusätze von 30 bis 33%, wie sie von Geßner empfohlen werden, erwiesen sich wegen der starken Entmischung als ungeeignet. Es liegt dies daran, daß bei solchen Konzentrationen die Entmischungsgeschwindigkeiten relativ größer sind als die Durchlaufsgeschwindigkeiten in der Kapillare. Schon Ostwald weist darauf hin, daß die Messung an Gipssuspensionen nur dann zulässig ist, wenn die Entmischungsgeschwindigkeiten kleiner sind als die Durchlaufgeschwindigkeiten in der Kapillare.

Wir verwendeten zu unseren Versuchen sämtliche bekannten Formen von Viskosimetern. Bei allen traten die geschilderten Störungen auf, so daß eine Messung nicht möglich war. Auch das Kugelfallviskosimeter konnte nicht benutzt werden, weil die zu messenden Viskositäten zu groß waren, und weiterhin weil infolge der Undurchsichtigkeit des Zementwassergemisches die Kugel nicht beobachtet werden konnte. Da nun aus den dargelegten Gründen trotz zahlreicher Variationen der Viskosimeterformen, der Druck- und Konzentrationsbedingungen bei weitgehender Homogenisierung des Zementwassergemisches kein Resultat erzielt werden konnte, war es notwendig, für die Viskosimetrie so hochviskoser Zementwassergemische einen anderen Weg einzuschlagen.

Die mit der Bildung und Zerstörung der Strukturen verknüpften Erscheinungen beim Hochsaugen eines Zementwassergemisches hatten die bisherigen Meßresultate in hohem Grade unsicher gemacht. Es wurde nun eine exakte Methode ausgearbeitet, die gestattet, die Kinetik abbindender Zemente quantitativ zu erfassen.

Das für diesen Zweck benutzte Viskosimeter ist ein feines Kapillarrohr (Durchmesser 0,1 mm), das an seinem Eintauchende ein kleines auswechselbares Filterchen trägt. Dieses Filter hat die Aufgabe, nur der Solflüssigkeit den Durchgang zu gestatten. Das ausgearbeitete Verfahren beruht nun auf folgendem: Während der Zement abbindet, erfolgt eine Verdichtung des Zementgefüges unter Strukturbildung. Bei zunehmender Verdichtung des Zementgefüges kann die teilweise kapillar in den Gelhüllen gebundene, teils zwischen den Poren des Gefüges befindliche Solflüssigkeit immer schwerer durch äußere Kräfte herausgesaugt werden. In diesem Fall wirken die Strukturen wie Filter mit veränderlicher Porengröße. Bei zunehmender Verdichtung des Gefüges zeigt sich eine Abnahme der Durchlaufsgeschwindigkeit beim Heraussaugen des Sols. Diese Durchlaufs- oder „Saug"geschwindigkeit ist meßbar. Ein Ausdruck für die in Rede stehende Verdichtung ist die Viskosität, die symbat mit der Sauggeschwindigkeit verläuft. Auf einen ähnlichen Fall von Symbasie zweier nicht direkt miteinander verbundener Größen weist Wo. Ostwald[1] in einer Arbeit über Tonschlicker hin. Er verwendet dort eine stalagmometrische Tropfenmethode, die für technische Zementbreie nicht in Betracht kommen kann. Die Frage, wieweit nun diese Symbasie zwischen Sauggeschwindigkeit und Viskosität geht und ob und wieweit in der Sauggeschwindigkeit die Hydratation des Zements zum Ausdruck kommt, bedarf noch weiterer Untersuchungen.

Die von uns ausgearbeitete Tauchfiltermethode bietet zahlreiche Vorteile. Es tritt keinerlei Verstopfung der Kapillare ein. Infolgedessen ist die Reinigung der Kapillare, die sonst sehr schwierig und zeitraubend ist, sehr einfach. Die Methode gestattet, Messungen an technischen Zementbreien mit großer Genauigkeit auszuführen, wo alle anderen viskosimetrischen Methoden wegen der hohen Viskosität des beinahe festen Zements versagen müssen.

b) Die Messung. Über die Ausführung der Versuche sei kurz folgendes gesagt: Zunächst wird eine größere Menge Zement (meist 600 g) mit einer Wassermenge versetzt, die gerade ausreicht, um Normalkonsistenz zu erzielen (ca. 25 bis 27% Wasser). Da dafür gesorgt werden mußte, daß nach dem Schütteln keine Wasseroberflächen auf dem Zementwassergemisch auftraten, verwendeten wir sogar etwas weniger Wasser (1 bis 2%). Der mit Wasser versetzte Zement wird in einem Blechgefäß gut verschlossen und das Zementwassergemisch auf der Schüttelmaschine während 5 bis 10 Min. stark geschüttelt. Nach dem Schütteln wird der homogenisierte Zementbrei in kleine Meßgefäße (Porzellantiegelchen T, Abb. 23) zu je 50 g abgefüllt. Die Tiegelchen waren dann gestrichen voll. Der angesetzte Zementbrei reichte für 12 Proben. Die Tiegelchen mit dem Zementbrei wurden erschütterungsfrei aufgestellt. Bei der Wahl der Meßgefäße mußte berücksichtigt werden, daß in Zementbreien nicht nur in vertikaler, sondern auch in horizontaler Richtung Viskositätsunterschiede auftreten, die um so größer sind, je größer der Querschnitt des Gefäßes ist. Die gleichen Beobachtungen kann man ja auch mit der Vicat-Nadel machen. Da die Viskositätsunterschiede sich um so mehr verwischen, je kleiner der Gefäßquerschnitt ist, so empfiehlt es sich, die Höhe und Weite der Meßgefäße möglichst klein zu wählen. Wir verwendeten daher Porzellantiegelchen.

---

[1] Ostwald, Wo., u. W. Rath: Kolloid-Z. **36**, 243 (1925).

Der in den Tiegelchen stehende Zementbrei wird der Reihe nach in Abständen von 5 bis 10 Min. viskosimetrisch gemessen. Zu diesem Zweck wird nach bestimmter Zeit ein Tiegelchen T auf ein an einer senkrecht stehenden Metallschiene (Sch und L, Abb. 23) laufendes Brettchen B unterhalb der Kapillare aufgestellt und das Brettchen mittels Schraubengewinde mit konstanter Geschwindigkeit innerhalb 15 Sekunden hochgeschraubt. Hierbei taucht die Kapillare 2,5 cm tief (bis auf 0,1 mm genau) in den Zementbrei ein.

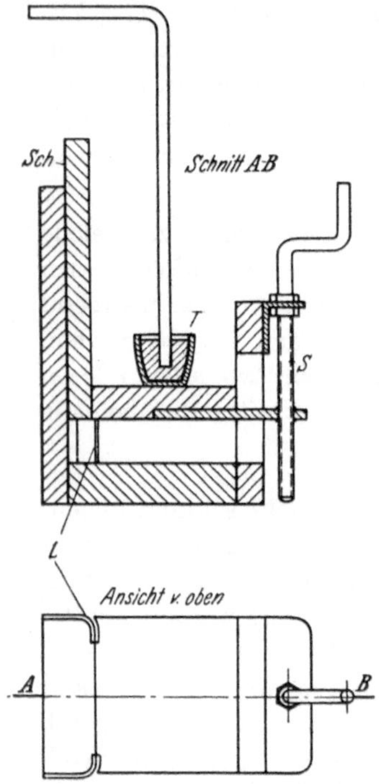

Die in Abb. 23 dargestellte Laufschienenkonstruktion dient dazu, subjektive Einflüsse beim Eintauchen der Kapillare in den Zementbrei nach Möglichkeit auszuschalten. 10 Sek. später wird der Verbindungshahn zur Vakuumflasche V geöffnet und unter konstantem Druck die Solflüssigkeit in die Kapillare hochgesaugt. Die Steighöhen der Flüssigkeit in der Kapillare wurden in Intervallen von 30 Sek. gemessen. Die gefundenen Werte werden graphisch dargestellt, wobei die Abbindezeiten auf der Abszisse, die dazugehörigen Steighöhen auf der Ordinate aufgetragen werden. Dabei entsprechen größeren Steighöhen kleinere Viskositäten.

Die untersuchten Zemente waren gewöhnlicher Portlandzement, hochwertiger Portlandzement und Tonerdezement. Ihre chemischen Analysen sind in Tabelle 2 zusammengestellt.

Abb. 23. Viskosimeter mit Eintauchvorrichtung.

Tabelle 2.

	Gew. Portl.-Zement Abb. 24 %	Hochw. Portland-zement Abb. 25 %	Gew. Portl.-Zement Abb. 26 %	Tonerde-zement Abb. 27 %
Glühverlust	0,70	0,95	0,70	0,56
Unlöslicher Rückstand .	0,93	1,33	1,56	0,60
SiO_2	19,94	17,72	21,35	6,10
Al_2O_3	6,49	5,76	5,37	48,56
Fe_2O_3	3,53	3,96	3,76	10,44
CaO	63,44	65,83	63,57	34,04
MgO	2,33	1,16	1,08	0,18
SO_3	1,77	2,60	2,32	0,27

c) Meßergebnisse. Einige Meßresultate sind in Tabelle 3 zusammengestellt:

Tabelle 3.

Abbindezeit in Minuten	Gew. Portl.-Zement (Abb. 24)	Hochw. Portlandzement (Abb. 25)	Gew. Portl.-Zement (Abb. 26)	Tonerdezement (Abb. 27)
		Steighöhe in cm		
5	20,5	17,6	22,2	19,8
8	—	—	—	14,0
11	—	—	—	11,2
13	—	—	20,0	—
15	—	—	—	8,2
17	—	16,6	—	—
18	19,8	—	—	—
20	—	—	19,4	6,8
25	—	—	—	6,0
30	18,2	—	17,4	5,9
33	—	13,9	—	—
40	16,4	—	13,8	6,1
45	14,4	9,4	—	5,8
50	—	8,0	9,0	4,6
55	—	5,3	6,8	4,2
60	10,6	3,8	—	—
65	—	—	6,6	2,8
70	6,4	—	6,9	1,8
75	6,0	4,0	—	—
80	—	—	6,8	1,1
85	6,0	4,1	6,0	
90	—	—	5,0	
100	5,9	3,9	2,8	
110	5,8	3,8	1,3	
120	5,2	3,1		
130	4,4	2,2		
140	3,8	1,4		
145	—	0,9		
150	2,8	0,8		
155	2,4			

An Hand der graphischen Darstellungen in Abb. 24 bis 27 lassen sich einige auffallende Gemeinsamkeiten bei den erwähnten Zementen ableiten. Charakteristisch für sämtliche Kurven ist der etwa nach einer Stunde sich geltendmachende Knickpunkt, der eine 30 Min. andauernde Konstanz des ganzen Systems einleitet. Die Einwirkung des Wassers auf den Zement ist innerhalb der ersten Stunden am stärksten. Dafür spricht der auf das konstante Gebiet folgende, flacher verlaufende Kurvenast. Bei rascher abbindenden Zementen, z. B. beim Tonerdezement, tritt eine deutliche Verkürzung des Konstanz anzeigenden mittleren Kurventeiles ein, der zeitlich früher beginnt und einen steileren Abfall des Kurvenanfangs bedingt. Die Kurven können in dem Sinne gedeutet werden, daß durch die sofort einsetzende und zunächst stark fortschreitende Gelbildung der Klinkerkern schließlich vor dem weiteren Angriff des Dispersionsmittels geschützt wird. Also zunächst tritt starke Reaktion des Wassers mit dem Klinker unter Bildung von Gelhüllen und damit verbunden ein steiler Abfall der Kurven ein. Die Tatsache der vollzogenen Gelhüllenbildung kommt in den Kurven durch die konstante Zone zum Ausdruck. Nach Sprengung der Gelhüllen dringt das Wasser weiter vor, und der Abbau des Klinkerkerns setzt sich langsamer als am Anfang fort. Die Kurve fällt wieder ab. Die durch unsere viskosimetrischen Messungen beobachteten Kurven lassen sich in dieser Weise deuten und fügen sich in dieser Form in den Rahmen der Theorien von Michaelis, Nacken und Kühl ein.

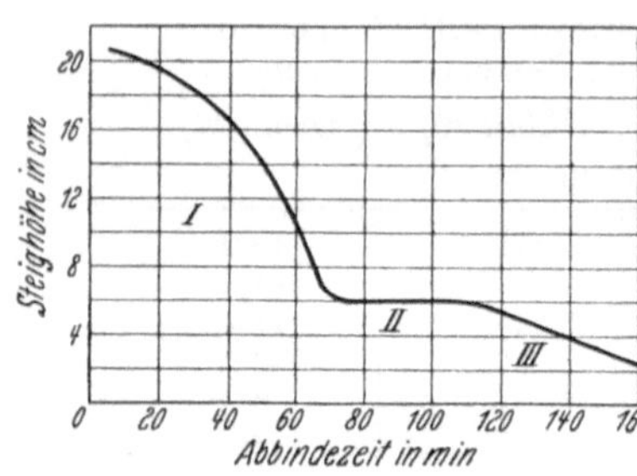

Abb. 24. *I* Zunächst steiler Abfall. Reaktion des Wassers mit dem Klinker unter Bildung von Gelhüllen. *II* Konstantes Gebiet. Nach Bildung der Gelhüllen. *III* Langsamer weiterer Abfall. Nach Sprengung der Gelhüllen weiteres Vordringen des Wassers zum Klinkerkern.

Die bisherigen Mitteilungen beziehen sich auf Zemente, die nicht gesiebt worden waren, also auf Zemente, wie sie in der Praxis benutzt werden. Wir haben dann noch untersucht, welchen Einfluß verschiedene Korngrößen auf den viskosimetrisch erfaßbaren Abbindeverlauf verschiedener Zemente haben. Zu diesem Zweck wurden einige Zemente in

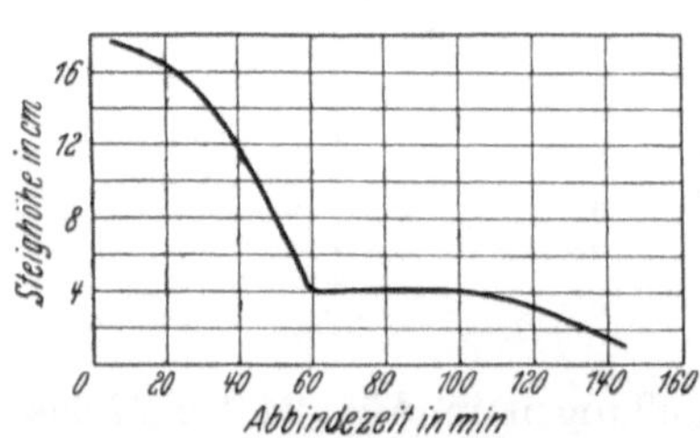

Abb. 25. Hochwertiger Portlandzement.

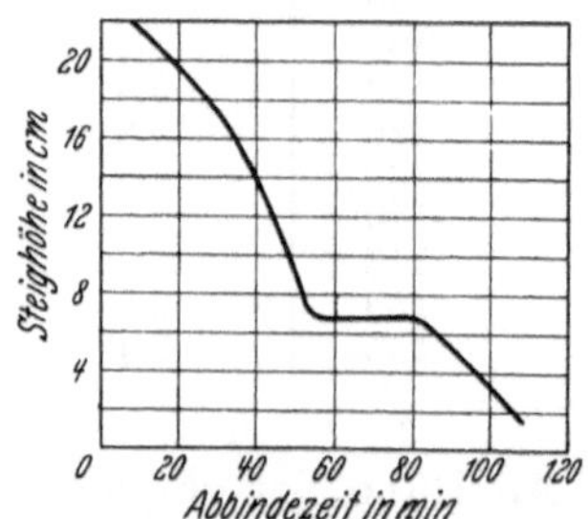

Abb. 26. Gewöhnlicher Portlandzement.

drei verschiedene Siebfraktionen zerlegt, einmal in solche Korngrößen, die das 900-qcm-Maschensieb nicht mehr passierten (also grobes Korn), zweitens in Korngrößen, die das 900-qcm-Maschensieb passierten, jedoch nicht das 4900-qcm-Maschensieb (mittleres Korn), und drittens in Zementteilchen, die durch das 4900-qcm-Maschensieb hindurchgingen (feines Korn).

Es zeigte sich, daß das grobe Material überhaupt nicht abband und nicht erhärtete. Das mittlere und feine Kornmaterial ergab die gleichen

Kurvenbilder wie Abb. 24 bis 27, nur mit dem Unterschied, daß das feine Kornmaterial etwas schneller abband als das mittlere Material, was darin zum Ausdruck kam, daß die Kurve steiler abfiel und das konstante Kurvengebiet früher begann.

Sodann wurde der Einfluß der Temperatur auf den Abbindeverlauf der verschiedenen Zemente untersucht. Es war von vornherein zu erwarten, daß erhöhte Temperatur den Abbindevorgang beschleunigt, niedrige Temperatur das Abbinden verlangsamt. Doch mußte auch dieses nach der ausgearbeiteten Methode bestätigt werden. Es wurden daher viskosimetrische Messungen bei 10°, 20° und 30° C ausgeführt. Die bei diesen Temperaturen erhaltenen Kurven laufen mit einer geringen Verschiebung fast parallel zueinander. Und zwar liegt die 30°-Kurve unter den 20°- und 10°-Werten, die Kurve, die wir bei 10°C erhielten, über den 30°- und 20°-Kurven. Dies Ergebnis ist gleichzeitig eine Bestätigung für die Richtigkeit und Genauigkeit der Methode.

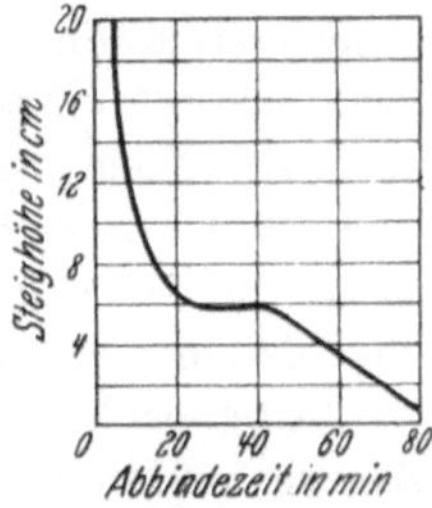

Abb. 27. Tonerdezement.

Es war nun noch interessant zu untersuchen, welchen Einfluß Elektrolyte auf die Viskosität abbindender Zemente ausüben. Da die abbindebeschleunigende Wirkung des Kalziumchlorids wegen ihrer technischen Verwertung bisher am meisten Beachtung fand, wurde verschiedenen Zementen Kalziumchlorid im Anmachwasser zugegeben. Es wurden Zusätze von 0,5%, 1%, 2%, 5% und 10% Kalziumchlorid (bezogen auf das Anmachwasser) verwendet. Wir erhielten die gleichen, also mit seitlicher Verschiebung parallel laufenden Kurven wie bei der Untersuchung des Temperatureinflusses. Auch bei Verwendung von 0,5% Kalziumchloridzusatz konnte entgegen anderen Anschauungen[1] Abbindebeschleunigung festgestellt werden. Die Differenz zwischen den Anschauungen anderer Forscher mit unseren Ergebnissen läßt sich aber ohne weiteres damit erklären, daß Kalziumchlorid sich gegenüber jedem Zement verschieden verhält[2].

Der Verfasser arbeitet z. Z. an einer neuen Methode zur Messung der Viskosität abbindender Zemente. Dieses Verfahren beruht auf der Änderung von akustischen und mechanischen Schwingungen und deren Messung auf elektrischem Wege. Es hat den Vorteil, daß dabei keine Erschütterungen des viskosimetrisch zu erfassenden Mediums eintreten, und daß kontinuierliche Messungen am gleichen Medium vorgenommen werden können. Über diese Arbeiten wird später in der Literatur berichtet werden.

---

[1] Thomas, W. N.: Building Research, Special Report Nr 14 (1929).
[2] Dorsch, K. E.: Bauing. 11/12 (1930).

Zusammenfassung von 2.

1. Es wird technischer Zementbrei normaler Konsistenz nach den üblichen Methoden viskosimetriert. Die Ergebnisse sind wegen Sedimentierung und Strukturbildung nicht reproduzierbar.

2. Es wird eine Methode ausgearbeitet, die die Viskosität von abbindendem Zement mit einer Fehlergrenze von 5% zu messen gestattet.

3. Der viskosimetrische Abbindeverlauf verschiedener normal angemachter Zemente wird untersucht. Alle untersuchten Zemente zeigen in der ersten Zeit einen starken Viskositätsanstieg, dem dann ein Gebiet von konstanter Viskosität von ca. einer halben Stunde folgt. Danach steigt die Viskosität wieder langsam an.

4. Es wird der Einfluß der Kornzusammensetzung und der Temperatur, sowie der Einfluß von Elektrolytzusätzen auf den Abbindeverlauf verschiedener Zemente untersucht.

Die beobachteten Erscheinungen stehen in Einklang mit den Theorien über den Abbindeverlauf.

3. Über die elektrische Leitfähigkeit abbindender Zemente.

Die viskosimetrischen Messungen haben gezeigt, daß das Abbinden der Zemente kein stetiger, sondern ein rhythmischer Vorgang zu sein scheint. Es wurde gezeigt, wie die Unstetigkeiten im Abbindeverlauf durch die Geltheorie erklärt werden können. Die Viskosität der abbindenden Zemente hängt ab von den in ihnen stattfindenden chemischen Reaktionen. Mithin müssen auch die chemischen Reaktionen in diesen Systemen unstetig verlaufen. Beim Abbinden verändern sich die Zemente chemisch in der Weise, daß verschiedene teils in Wasser lösliche, teils schwerlösliche Kalkhydroaluminate, Kalkhydrosilikate und Kalkhydrat entstehen. Mit diesen chemischen Reaktionen verändert sich gleichzeitig die elektrische Leitfähigkeit der abbindenden Zemente. Diese Leitfähigkeit ist meßbar.

Die elektrische Leitfähigkeit von abbindendem Zement ist von H. Geßner[1] und Yosomatsu Shimizu[2] gemessen worden. Geßner hat im ganzen zwei Versuche ausgeführt. Im Vorversuch wurden einige Gramm Zement in ca. 50 ccm H_2O aufgeschlämmt, und die Leitfähigkeit der Lösung wurde mit einer Ostwaldschen Tauchelektrode gemessen. Bei den beiden Hauptversuchen wurde Zement mit 37,5% und mit 75% Wasser versetzt. Beide Versuche beziehen sich daher nicht auf technische Verhältnisse, sondern realisieren Zustände, wie sie bei den mikroskopischen Präparaten (s. o.) vorliegen. Die spezifische Leitfähigkeit ist bei beiden

---

[1] Geßner, H.: Kolloid-Z. **36** (1928); **37** (1929).
[2] Shimizu, Yosomatsu: Weltkraftkonferenz Tokio **1929**; Paper Nr 162.

Versuchen vom Beginn der Versuche bis zu 4 Stunden 50 Min. gemessen worden. Die nächsten Messungen geschahen bei beiden Versuchen erst wieder nach 18 Stunden. Der Bereich zwischen 4 Stunden 50 Min. und 18 Stunden fehlt. Im übrigen wurden die Versuche bis zu einer Dauer von 223 Tagen ausgedehnt.

Diese Versuche zeigen, daß die Leitfähigkeit des abbindenden Portlandzements in der ersten Stunde nach dem Ansetzen des Versuchs stark ansteigt und danach rasch und stetig sinkt. Nach 20 Stunden wird die Leitfähigkeitskurve flacher und verläuft schließlich parallel zur Abszisse. Es wird also nur ein einziger ausgezeichneter Punkt beobachtet. Die Leitfähigkeiten erreichen nach ungefähr 40 Min. ein Maximum. Das Auftreten des Maximums ist nach Geßner dadurch zu erklären, daß die Zwischenflüssigkeit in diesem Punkt an $Ca(OH)_2$ gesättigt ist, und daß das $Ca(OH)_2$ sich auszuscheiden beginnt. Die rasche Sättigung des Wassers an $Ca(OH)_2$ sei dadurch zu erklären, daß ein Teil des Wassers schon vorher an Klinkerbestandteile gebunden worden sei. Die Abnahme der Leitfähigkeit habe ihren Grund in der Wasserabgabe der Zwischenflüssigkeit an die festen Teile. Da außer den beiden Versuchen keine weiteren Beobachtungen vorliegen, können aus dem Versuchsmaterial keine Schlüsse gezogen werden.

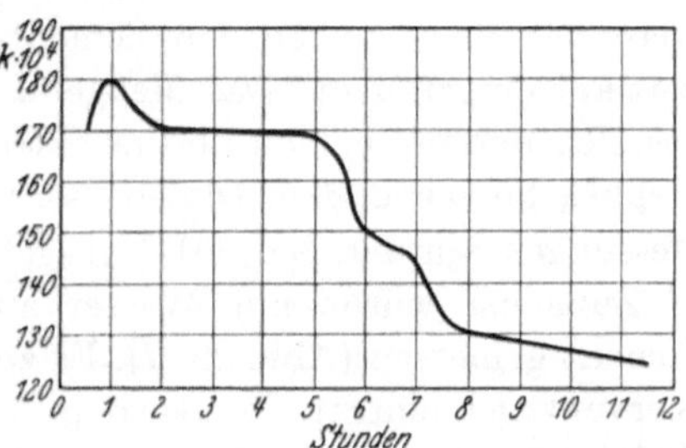

Abb. 28. Leitfähigkeitskurve von Hochofenzement (nach Messungen der Yawata Stahlwerke).

Die Messungen von Geßner stehen nun im Widerspruch mit den Untersuchungen von Y. Shimizu. Diese Arbeiten beziehen sich auf das Abbinden und Erhärten von Mischzementen, die basische Hochofenschlacke enthalten. Auf sie sei im folgenden kurz eingegangen:

Bekanntlich hat Hochofenschlacke, die in bestimmter Weise (Luft- oder Wasserabschreckung) behandelt wurde, gewisse schwach hydraulische Eigenschaften. Ihre Reaktion mit Wasser geschieht jedoch so überaus langsam, daß sie niemals als Zement allein verwendet werden kann, vielmehr wird sie stets mit anderen Zementen, in der Hauptsache mit Portlandzement, gemischt. Die Reaktion dieser Zemente mit dem Anmachwasser erhöht gewissermaßen die Reaktionsfähigkeit der Hochofenschlacke. Diese Vorgänge müssen nun auch in der elektrischen Leitfähigkeit eines Mischzements zum Ausdruck kommen. Die Leitfähigkeit eines abbindenden Hochofenzementes ist im Jahre 1927 von den Yawata Stahlwerken (Japan) bei einer Temperatur von 30° C gemessen worden (Abb. 28). Dabei wurde eine Kurve erhalten, die zunächst einen kleinen Anstieg der Leitfähigkeit innerhalb der ersten Stunde aufweist. In der zweiten Stunde wird die Leitfähigkeit kleiner und erreicht nach der zweiten Stunde einen nahezu konstanten Wert. Erst nach 5 Stunden tritt ein neuer starker Abfall der Kurve ein, die sich nach weiteren $1^1/_2$ Stunden abermals verflacht. Nach der siebenten Stunde fällt die Kurve erneut, um dann nach der achten Stunde sich wieder zu verflachen. Wir haben also zwei Kurvenabfälle, einen nach 5 Stunden (ab) und einen nach 7 Stunden (cd). Der Abfall ab soll nun nach Shimizu der Hydratation des im Hochofenzement enthaltenen Portlandzements und der Abfall cd der Hydratation der Kalziumsilikate in der Hochofenschlacke entsprechen. Y. Shimizu hat versucht nachzuweisen, daß diese Kurvenabfälle dem Portlandzement und der Hochofenschlacke zukommen. Seine Versuchsanordnung bestand in folgendem: Vor Beginn jeder Mischung wurden Zement, Wasser und die gesamte Apparatur thermokonstant gemacht. Der Zement, der mit Wasser normalkonsistent angemacht war, wurde in ein Glasgefäß gegeben. In den Zementbrei wurden zwei Platinelektroden vertikal eingetaucht. Das Meßgefäß wurde in einen Luftthermostaten gestellt, und die beiden Platinelektroden wurden mit einer KohlrauschMeßbrücke verbunden. Die Messungen erfolgten alle 5 oder 10 Min. Die Messungen wurden bei 30° C ausgeführt.

Zunächst wurde mit Wasser angemachte Hochofenschlacke ohne Zement gemessen (Abb. 29, *I*). Es zeigte sich, daß nach 10 Stunden ein Kurvenknick eintrat, der also dem Abfall cd in Abb. 28 entsprechen soll. Sodann wurden Mischungen von 90%, 80%, 70% usw. Hochofenschlacke mit 10%, 20%, 30% usw. Portlandzement untersucht. Dabei traten die beiden Kurvenabfälle ab und cd (Abb. 29, *II*) auf. Wenn die Portlandzementmenge in der Mischung ansteigt, dann wird der zeitliche Abstand zwischen den beiden Kurvenknicken immer kleiner, bis er schließlich bei einem bestimmten Mischungsverhältnis von Portlandzement zu Hochofenschlacke gleich Null wird. Es fällt also bei einem geeigneten Mischungsverhältnis von Portlandzement zu Hochofenschlacke der Kurvenknick ab mit dem Kurvenknick cd zusammen (Abb. 29, *III*). Dieses geeignete Mischungsverhältnis entspricht nach Shimizu genau der Zusammensetzung des Eisenportlandzements. Es wird also gezeigt, daß das Abbinden und Erhärten der Hochofenschlacke durch den Zusatz von Portlandzement beschleunigt wird, und daß bei geeigneter Mischung die Zeiten, zu welchen ihre Reaktionen geschehen, zusammenfallen.

Weiterhin wurde von Shimizu Tonerdezement mit Hochofenschlacke in allen Verhältnissen gemischt und gemessen. Reiner Tonerdezement zeigt einen Knick nach 4 Stunden. Bei den Mischungen wird festgestellt, daß das Abbinden und Erhärten der Hochofenschlacke in höherem Maße durch den Zusatz von Tonerdezement als durch Portlandzement be-

schleunigt wird. Schon bei einem Mischungsverhältnis von 40% Schlacke
zu 60% Tonerdezement geschehen die elektrisch meßbaren Abbinde-
und Erhärtungsvorgänge gleichzeitig. Y. Shimizu findet nun bei der
Prüfung der Druckfestigkeiten dieser Gemische aus Portlandzement/
Hochofenschlacke und Tonerdezement/Hochofenschlacke, daß die Festigkeiten ein Maximum aufweisen. Dieses tritt bei denjenigen Mischungen auf, bei denen die Reaktionszeiten des Zements mit denen der Hochofenschlacke zusammenfallen. Das günstigste Mischungsverhältnis der
Schlacke mit Portlandzement ist danach 3 : 7, das der Schlacke mit
Tonerdezement 4 : 6.

Diese Untersuchungen zeigen völlig andere Ergebnisse als die Arbeit
von Geßner. Es liegt dies wahrschein-
lich in der Hauptsache daran, daß in der
Geßnerschen Untersuchung die Messungen
in dem Zeitbereich von 4 Stunden bis
18 Stunden fehlen und daran, daß nur
zwei Versuche über diesen Gegenstand vorliegen. Zu den Versuchen von Y. Shimizu ist zu bemerken, daß erst sichergestellt
werden muß, welchen chemischen Reaktionen beim Abbinden des Zements und
der Hochofenschlacke die beobachteten
Knicke in den Leitfähigkeitskurven entsprechen. Es ist dies um so wichtiger, als
man von einem Abbinden und Erhärten
der Hochofenschlacke im Sinne des Zements
nicht sprechen kann. Es bleibt ferner zu
untersuchen, welche Beziehung zwischen

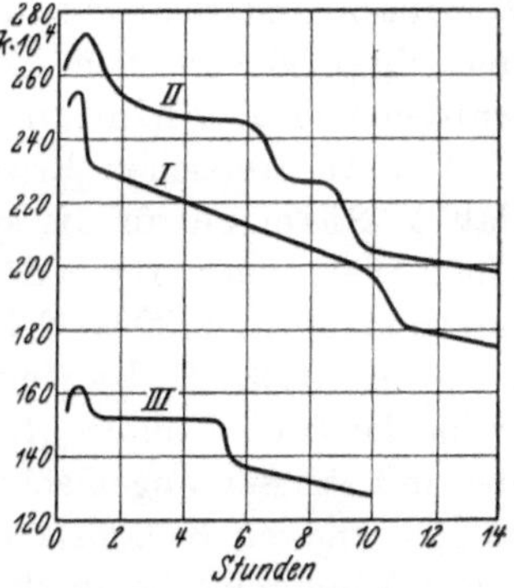

Abb. 29. Messung nach Shimizu.
I Hochofenschlacke, *II* 75% Hoch-
ofenschlacke + 25% Portlandzement,
III 30% Hochofenschlacke + 70%
Portlandzement.

dem Festigkeitsmaximum und dem Zusammenfallen der Kurvenknicke
besteht. Ist zwischen diesen beiden Erscheinungen ein ursächlicher oder
nur ein zufälliger Zusammenhang? Es ist nämlich beobachtet worden
— und dies muß den Ergebnissen von Y. Shimizu entgegengehalten
werden —, daß auch bei 30%igem Zusatz von nicht hydraulischen
Schlacken zu manchen Portlandzementen keine Festigkeitsrückgänge
eintreten, und daß bei höheren Zusätzen dieser Schlacken die erreichten
Festigkeiten in der gleichen Weise sinken wie bei den Mischzementen,
die Shimizu untersuchte. Die Tatsache, daß bei 30%, bzw. 40%
Schlackenzusatz zu gewissen Portlandzementen keine Festigkeitsrückgänge eintreten, läßt sich auch zum Teil dahin erklären, daß der Normensand, der für die Festigkeitsprfüungen benutzt wird, durch den
Zusatz von staubfeiner Schlacke eine „Kornabstufung" erfährt, so daß
der mit Schlackenzusatz hergestellte Mörtel dichter und fester ist als der
mit einfachem Normensand hergestellte Mörtel.

Es wurde eben darauf hingewiesen, daß bei manchen Zementen keine Festigkeitsrückgänge durch Schlackenzusatz eintreten. Diese Feststellung ist wichtig. Jeder Zement reagiert nämlich entsprechend seiner chemischen Zusammensetzung, die wiederum vom Rohmaterial und von der Art des Brandes bei der Herstellung usw. abhängt, auf Zusätze völlig verschieden. Es konnte von mir festgestellt werden, daß ein Portlandzement selbst bei einem Zusatz von 30% einer Flugasche (aus der Kohlenstaubfeuerung) keine Festigkeitsrückgänge gegenüber dem reinen Zement zeigte, während ein anderer Portlandzement schon bei 10% Zusatz der gleichen Schlacke in seinen Festigkeiten zurückging. Theoretisch ist zu erwarten, daß jede Schlacke und jeder Zement in verschiedener Weise miteinander reagieren, und daher sind bei verschiedenen Zementen und Schlacken Verschiedenheiten in ihrem Abbindeverlauf und ihrer elektrischen Leitfähigkeit zu erwarten. Diese Tatsachen wurden von Y. Shimizu nicht genügend berücksichtigt.

Den theoretischen Erwartungen widerspricht ferner die Tatsache, daß Y. Shimizu für die spezifische Leitfähigkeit der reinen Schlacke einen Wert von $k \cdot 10^4 = 250$ und für die einer Mischung von 70% Portlandzement und 30% Schlacke einen Wert von $k \cdot 10^4 = 160$ findet (siehe Abb. 29). Es ist vielmehr zu erwarten, daß die Leitfähigkeit der Schlacke (wobei unter „Leitfähigkeit der Schlacke" die Leitfähigkeit der mit Wasser angemachten Schlacke zu verstehen ist) infolge ihrer viel geringeren Kalklöslichkeit eine niedrigere ist als die Leitfähigkeit einer Mischung, die in der Hauptsache aus Portlandzement besteht. Schließlich wurden sämtliche Messungen nur bei einer Temperatur von 30°C ausgeführt; diese Temperatur entspricht nicht den in der Praxis vorkommenden Verhältnissen.

Es war nun meine Aufgabe, an Hand einer Reihe von systematischen Messungen diese Widersprüche zwischen den bisher vorliegenden Resultaten zu klären. Es sollte zunächst einmal die spezifische Leitfähigkeit der verschiedenen Zemente in Abhängigkeit von der Zeit gemessen und der Einfluß verschiedener Wasserzusätze und der Temperatur auf den Leitfähigkeitsverlauf untersucht werden.

Die Meßmethode. Auch bei den elektrischen Untersuchungen war Thermokonstanz die Grundbedingung für ein einwandfreies Gelingen der Versuche. Es handelte sich also darum, daß die Versuche in einem Thermostaten ausgeführt wurden. Hierfür wurde ein Trockenschrank mit Wassermantel vorgesehen. Die Heizung geschah mit Gas, dessen Zufuhr thermisch reguliert wurde. Es wurde bei 20°, 30° und 40° C gemessen. Zement und Wasser wurden vor jedem Versuch auf die erforderliche Temperatur erwärmt. Für die elektrische Messung mußte zunächst eine für die Eigenart des Untersuchungsmaterials geeignete Meßmethode ausgearbeitet werden. Zur ersten Orientierung wurde die Anordnung von **Kohlrausch** aufgebaut. Sie bestand aus einem Induktorium, Meßdraht, Telephon, Vergleichswiderstand und einem Gefäß für den Elektrolyten. Für die Vorversuche wurden zwei Tauchelektroden verwendet, die vertikal in den Zementbrei eingetaucht wurden. Hierbei traten stets Fehler dadurch auf, daß sich die Elektroden beim Eintauchen infolge der hohen Viskosität des Zementbreies verschoben. Bei kurz aufeinanderfolgenden Kontrollversuchen ergaben sich meist verschiedene Werte. Eine weitere Verschiebung der Plattenabstände der Elektroden trat ferner dann ein, wenn der erhärtete Zement zu quellen oder zu schwinden begann. Bei diesen Messungen trat eine weitere Schwierigkeit dadurch auf, daß das Tonminimum infolge der kolloiden Beschaffenheit der Meßflüssigkeit stets relativ breit war und selbst durch Parallelschalten von Kondensatoren nur wenig verbessert werden konnte. Dabei störte dann besonders das Geräusch des Induktoriums, das das Abhören mit dem Telephon stark beeinträchtigte. Dazu kam, daß das Induktorium bei keiner Messung sicher ansprang und während der Messung fortwährend die Frequenz wechselte. Diese Mängel wurden durch den Bau eines Röhrensummers beseitigt, der eine modifizierte Form der von **Ostwald-Luther**[1] vorgeschlagenen Anordnung darstellt (Abb. 30). Hierin sind R_1 und

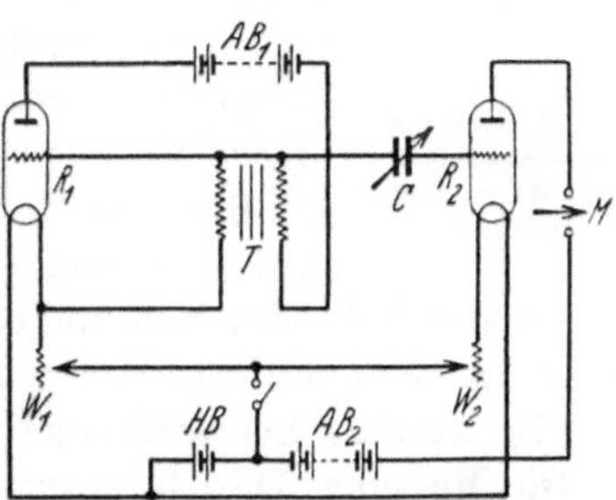

Abb. 30. Röhrensummer zur Messung der elektrischen Leitfähigkeit.

R_2 zwei Oxydkathodenröhren (R_1 = Telefunken RE 064, R_2 = Telefunken RE 114), w_1 und w_2 zwei Widerstände, die den Heizstrom, der von der Heizbatterie HB geliefert wird, regulieren. Die Anodenbatterie AB_1 speist die Anode der Röhre R_1, die Anodenbatterie AB_2 liefert den Anodenstrom für R_2. T ist ein 1:4 übersetzter Transformator, wie er für Rundfunkzwecke Verwendung findet ($P = 5000$, $S = 20000$). C ist ein konstanter oder variabler Kondensator von 300 cm. M führt als Stromquelle zur Meßbrücke. Wir mußten zu dieser Schaltung übergehen, da der Ostwald-Luthersche Röhrensummer, der nur mit einer Röhre arbeitet, zu geringe Lautstärken erzeugte. Dieser Röhrensummer lieferte jede beliebige Tonfrequenz, sprang jederzeit sofort an und war selbst bei Dauerbetrieb über 24 Stunden absolut konstant. Bei der Eichung der Meßanordnung mit bekanntem Metallwiderstand erhielten wir Tonminima, die auf $^1/_{10}$ mm genau in der Meßbrücke gemessen werden konnten. Als Vergleichswiderstand diente ein guter Rheostat von 10000 Ohm. Die Beobachtung geschah mit einem Tele-

---

[1] **Ostwald-Luther**: Physiko-chemische Messungen, S. 505 (1925).

phon von 100 Ohm. Da das Telephon nicht ganz symmetrisch war, wurde parallel zum Telephon ein Widerstand von 4000 Ohm geschaltet. Das Telephon wurde dann genau auf Symmetrie geprüft und aus beiden Einstellungen das Mittel genommen[1].

Nach zahlreichen Versuchen wurde das in Abb. 31 dargestellte Meßgefäß als zweckmäßig befunden. H ist ein Zylinder aus Hartgummi, der in der Mitte zylindrisch durchbohrt ist. In diese mittlere Zylinderöffnung ragen oben und unten zwei einschraubbare Messingelektroden E hinein, die bis zur Hälfte Platinkappen tragen. Die Oberfläche der beiden Elektroden beträgt 2 qcm, der Abstand der Elektroden 2 cm. Zwischen beide Elektroden wird bei Z der zu messende Zementbrei gegeben. Die Füllung des Meßgefäßes geschieht in der Weise, daß zunächst eine der beiden Elektroden eingeschraubt und dann eine ausreichende Menge Zementbrei mit einem kleinen Spatel bei Z eingefüllt wird. Mit der zweiten Elektrode wird dann das Meßgefäß abgeschlossen. Beide Elektroden werden stets bis zum Anschlag eingeschraubt, so daß der Abstand der Elektroden bei jeder Messung der gleiche ist und sich auch während der Messung nicht ändert. Versuche mit anderen Elektroden ergaben beständig geringe Schwankungen.

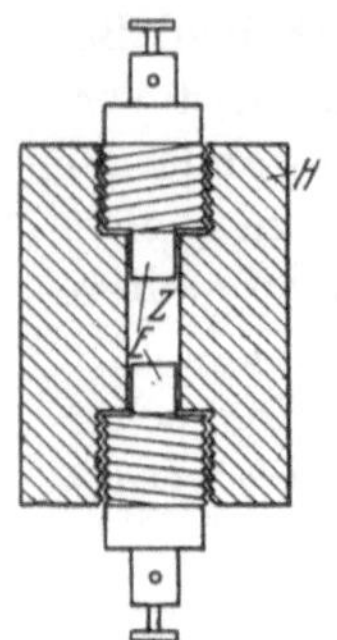
Abb. 31. Meßgefäß für die Messung der elektrischen Leitfähigkeit.

Die Messung. Die Durchführung der Messungen geschah so, daß zunächst Zement, Wasser und Thermostat auf bestimmte Meßtemperatur gebracht wurden. Dann wurden 100 g Zement mit einer bestimmten Menge Wasser versetzt und das Gemisch 3 Min. lang kräftig geschüttelt. Von dem Zementbrei wurde mit einem Spatel eine kleine Menge in das Meßgefäß gegeben, bis das Gefäß bis zu einer bestimmten Marke gefüllt war. Danach wurde die zweite Elektrode eingeschraubt, und das Meßgefäß in dem Thermostaten an die Apparatur angeschlossen. Schließlich wurde der Stromkreis mit einem Schalter geschlossen und das Tonminimum an der Meßbrücke festgestellt. Es wurde die spezifische Leitfähigkeit, also der Ausdruck $k = C \cdot \dfrac{b \cdot R}{a}$, gemessen, worin c die Widerstandskapazität des Meßgefäßes, R den Widerstand des Rheostaten, a und b die Drahtlängen der Meßwalze bedeuten. Die Konstante C reduziert die beobachtete Leitfähigkeit auf die wahre. Sie wurde für das benutzte Meßgefäß durch Vergleichsmessung mit einer Flüssigkeit von bekannter spezifischer Leitfähigkeit ermittelt. Irgendwelche weiteren Schwierigkeiten ergaben sich bei der Messung nicht. Die Ergebnisse konnten sehr gut reproduziert werden.

---

[1] Hall u. Adams: J. amer. chem. Soc. **41**, 1515 (1919). Hausrath u. Krüger: Helios **15**, Nr 49 (1909).

Die Meßresultate. Es wurde die spezifische Leitfähigkeit zahlreicher verschiedener Zemente untersucht. Nachstehend (Tabelle 4) seien die Analysen einiger Zemente angeführt, deren Ergebnis in den darauffolgenden Tabellen und Abbildungen dargestellt sind.

Tabelle 4.

	Hochwert. Portlandzement %	Gewöhnl. Portlandzement %	Hochofenzement %	Tonerdezement %
Glühverlust.	0,95	0,70	2,20	0,56
Unlöslicher Rückstand.	1,33	0,93	1,61	0,60
SiO_2	17,72	19,94	27,36	6,10
CaO	65,38	63,44	49,72	34,04
Al_2O_3	5,76	6,49		48,56
Fe_2O_3	3,96	3,53	15,80	10,44
MgO	1,96	2,33	0,80	0,18
SO_3	2,60	1,77	2,52	0,27

Zunächst wurde der Einfluß eines verschiedenen Wasserzusatzes auf die spezifische Leitfähigkeit verschiedener Zemente untersucht. Hierbei ergab sich durchweg, daß die Leitfähigkeit aller untersuchten Zemente mit der verwendeten Wassermenge ansteigt. Es hängt dies damit zusammen, daß sich bei höherem Wassergehalt eine größere Menge Elektrolyt im gleichen Raume befindet. Als Beispiel sei die Leitfähigkeitskurve eines hochwertigen Portlandzements in Abhängigkeit vom Wasserzusatz (Abb. 32, *I*) angeführt, die mit 25% Wasser einen anfänglichen Leitfähigkeitswert von $k \cdot 10^4$ $= 285$, mit 26% Wasser $k \cdot 10^4$ $= 298$, mit 27% Wasser $k \cdot 10^4$ $= 316$, mit 28% Wasser $k \cdot 10^4$ $= 328$, mit 29% Wasser $k \cdot 10^4$

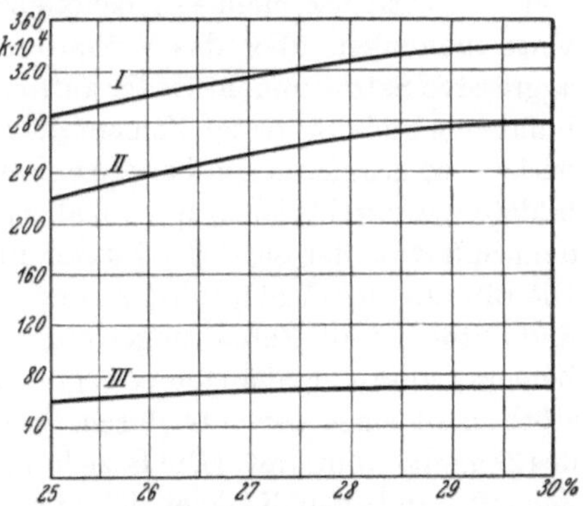

Abb. 32. Elektrische Leitfähigkeit in Abhängigkeit vom Wasserzusatz. *I* Hochwertiger Portlandzement, *II* Hochofenzement, *III* Tonerdezement.

$= 333$ und mit 30% Wasser $k \cdot 10^4 = 340$ ergab. Die entsprechenden Werte für Hochofenzement und Tonerdezement sind in Tabelle 5 und in Abb. 32, *II* bis *III* zusammengestellt.

Die graphische Darstellung der spezifischen Leitfähigkeiten dreier Zemente, eines hochwertigen Portlandzements, eines Hochofenzements und eines Tonerdezements, in Abhängigkeit von der Wassermenge zeigt nicht nur, daß die Leitfähigkeit sämtlicher Zemente mit der Wassermenge ansteigt, sondern auch, daß bedeutende Unterschiede zwischen

Tabelle 5.

Wassermenge in %	Hochwertiger Portlandzement $k \cdot 10^4$	Hochofenzement $k \cdot 10^4$	Tonerdezement $k \cdot 10^4$
25	285	220	60
26	298	235	63
27	316	250	67
28	328	266	68
29	333	275	69
30	340	280	70

den einzelnen Zementen bestehen. Der Tonerdezement zeigt eine weit geringere spezifische Leitfähigkeit als der Hochofenzement und der Hochofenzement eine geringere als der Portlandzement. Es liegt nahe, diese Erscheinungen mit dem Kalkgehalt dieser Zemente in Zusammenhang zu bringen. Nach den chemischen Analysen der Zemente in Tabelle 4 besitzt der Portlandzement einen um ca. 30 % höheren CaO-Gehalt als der Hochofenzement und der Hochofenzement einen um ca. 45 % höheren CaO-Gehalt als der Tonerdezement. Wir werden später sehen, daß die Reihe: Portlandzement — Hochofenzement — Tonerdezement bei den Untersuchungen über das Verhalten der verschiedenen Zemente gegen aggressive Salzlösungen wieder auftaucht. Läßt man z. B. auf einen abgebundenen und erhärteten Zement die Lösung irgendeines Sulfatsalzes einwirken, so reagieren die beim Abbinden und Erhärten des Zements gebildeten, wasserlöslichen Hydrokalksalze, vor allem das Kalkhydrat, mit dem Sulfation der Salzlösung unter Bildung von wasserlöslichem $CaSO_4$. Die Bildung des $CaSO_4$ führt zu den bekannten Zerstörungen am Mörtel und Beton. Da die Zerstörungen in gewisser Weise mit dem Kalkgehalt des Zements zusammenhängen so ergibt sich hier eine Reihe, in der die Zerstörbarkeit eines Zements durch Sulfate entsprechend dem Kalkgehalt des Zements abnimmt. (Die Beziehung zwischen der Zerstörbarkeit eines Zements und dem Kalkgehalt entspricht jedoch keinesfalls einem einfachen proportionalen Verhältnis!). Die Reihe der chemischen Widerstandsfähigkeit entspricht der oben gefundenen Reihe der spezifischen Leitfähigkeiten der Zemente. Es läßt sich also die Widerstandsfähigkeit eines Zements gegen aggressive Salzlösungen in Beziehung setzen mit den elektrischen Leitfähigkeiten der abbindenden Zemente, und man könnte hieraus folgern, daß im allgemeinen Zemente mit niedriger elektrischer Leitfähigkeit gegen den Angriff von Salzlösungen widerstandsfähiger sind als Zemente mit großer Leitfähigkeit. Da die elektrische Leitfähigkeit eines Zements mit steigendem Wasserzusatz größer wird, so ergibt sich weiter die praktische Folgerung: je kleiner die Wassermenge ist, mit der ein Zement angemacht wird, desto größer ist seine Widerstandsfähigkeit gegen chemische Angriffe. Um auf das Beispiel von Abb. 32 zurückzukommen, so ist zu erwarten, daß ein Portlandzement, der mit einer sehr geringen Menge Wasser (25%) angemacht wurde, nahezu die gleiche Widerstandsfähigkeit gegen chemische Angriffe haben dürfte, wie ein Hochofenzement, der mit einer großen Menge Wasser (30%) angemacht wurde. Inwieweit diese Folgerungen aus den elektrischen Messungen in der Praxis zutreffen, das sollen Untersuchungen ergeben, über die weiter unten berichtet werden wird.

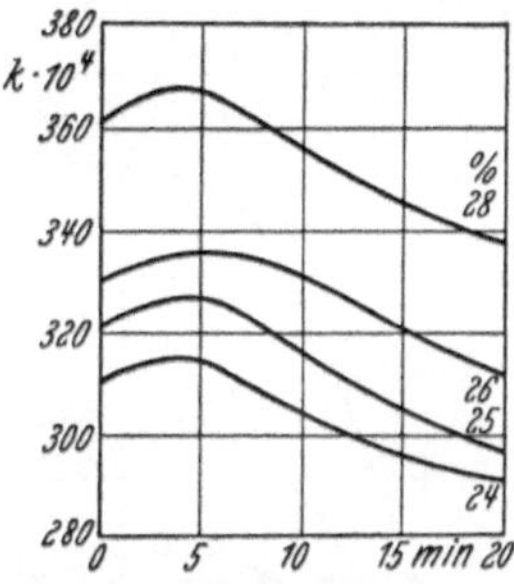

Abb. 33. Portlandzement.

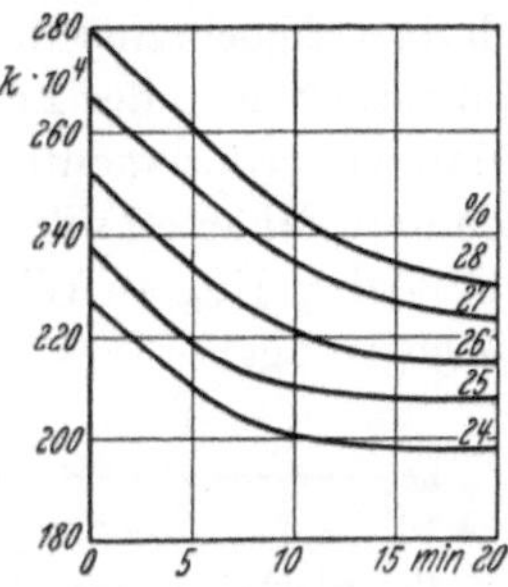

Abb. 34. Hochofenzement.

Wie verhalten sich nun die genannten Zemente in den ersten Zeiten nach dem Zusatz des Wassers? Hierüber geben die Abb. 33 bis 35 Auskunft. Der Portlandzement (Abb. 33) zeigt in den ersten Minuten einen kleinen Anstieg der Leitfähigkeit. Diese sinkt aber dann rasch. Der Hochofenzement (Abb. 34) zeigt sofortigen Abstieg der Leitfähigkeit. Bei anderen Hochofenzementen tritt jedoch manchmal in den ersten Minuten nach dem Anmachen auch ein Anstieg der Leitfähigkeit, ähnlich wie beim Portlandzement, ein. Auch die spezifische Leitfähigkeit des Tonerdezements steigt zunächst etwas an, um dann nach ungefähr 15 Min. zu sinken. Der Anstieg der Leitfähigkeit in der ersten Zeit hängt mit der Lösung von Kalkhydrat oder von Hydrokalkverbindungen zusammen. Beim Hochofenzement in Abb. 34 ist diese Lösung schon während des Anmachens mit Wasser eingetreten.

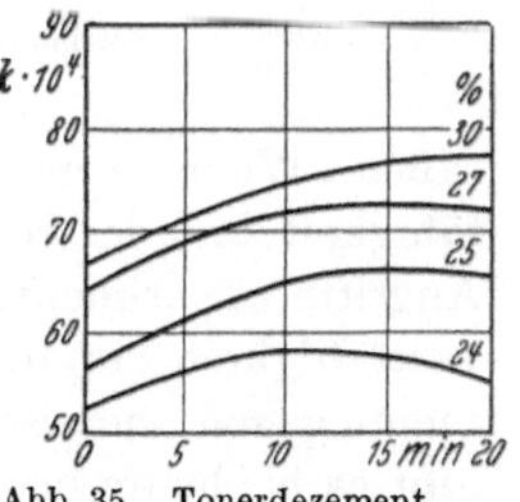

Abb. 35. Tonerdezement.

Es war weiter wichtig, den Einfluß der Temperatur auf den Leitfähigkeitsverlauf der Zemente zu untersuchen. Diese Untersuchung wurde mit einem hochwertigen Portlandzement bei Temperaturen von 20° und 30° C und verschiedenen Wassermengen ausgeführt. Das Ergebnis ist in Abb. 36 und 37 graphisch dargestellt. Es ergab sich bei der höheren Temperatur von 30° C eine starke Leitfähigkeitszunahme von nahezu 18% nach 20 Min. Diese Zunahme der Leitfähigkeit kann mit der erhöhten Löslichkeit des Kalkhydrats bei höherer Temperatur erklärt werden. Im Hinblick auf die bereits entwickelte Beziehung zwischen der elektrischen Leitfähigkeit und der Widerstandsfähigkeit eines Zements gegen chemische Angriffe wäre zu erwarten, daß Zemente, die bei hoher oder künstlich hoch gehaltener Temperatur (Betonieren mit Frostschutzmitteln im Winter) abbinden, weniger widerstandsfähig sind als Zemente, die bei niedriger Temperatur abbinden. Ob allerdings so weitgehende Schlüsse gezogen werden dürfen, das müssen erst weitere Versuche entscheiden. Ganz unabhängig von diesen Betrachtungen haben amerikanische Forscher in allerjüngster Zeit in der Praxis beobachtet, daß Tonerdezemente, die beim Abbinden und Erhärten sehr heiß wurden, sehr viel geringere Widerstandsfähigkeit gegen aggressives Wasser be

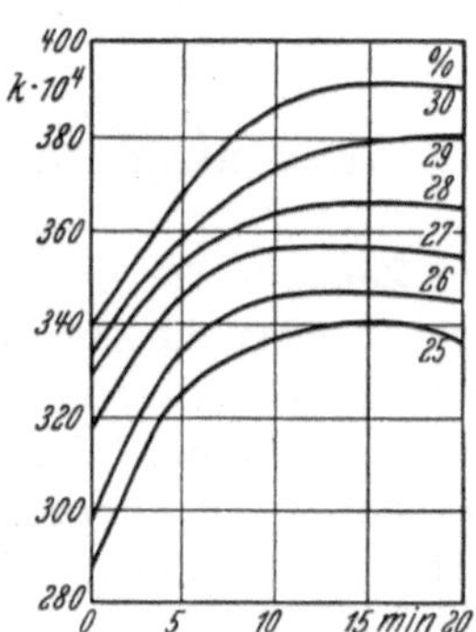

Abb. 36.   Portlandzement bei 20° C.

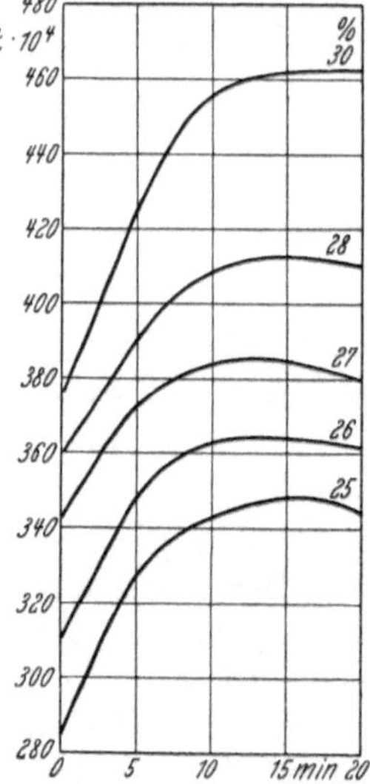

Abb. 37.   Portlandzement bei 30° C.

saßen. Wenn es gelingt, die Beziehung zwischen der elektrischen Leitfähigkeit und der Widerstandsfähigkeit eines Zements gegen chemische Angriffe experimentell zu erfassen, dann steht in der exakt meßbaren Leitfähigkeit ein objektives Kriterium für die Bewährung eines Zements gegen chemische Angriffe zur Verfügung. Ein solches Kriterium gibt es bis heute noch nicht. Weitere Arbeiten hierüber sind im Gange.

Sodann wurde der gesamte Leitfähigkeitsverlauf der verschiedenen Zemente von Beginn der Versuche an bis zu zwei Tagen bei verschiedenen Temperaturen und Wasserzusätzen untersucht. Die Ergebnisse dieser Messungen sind in den Abb. 38 bis 41 niedergelegt. Sämtliche Versuche wurden mehrere Male wiederholt und reproduziert. Beim Portlandzement (Abb. 38) konnte bei Beginn des Versuchs zunächst ein kleiner Anstieg der Leitfähigkeit beobachtet werden. Nach ungefähr 20 Min. erreicht die Leitfähigkeit ihr Maximum. Dann sinkt die Kurve schnell abwärts, um sich nach ungefähr einer Stunde zu verflachen. Danach bleibt die Leitfähigkeit des abbindenden Zements ca. 2 Stunden lang, also bis zu Beginn der vierten Stunde, nahezu konstant. Dann tritt ein sehr starker Abfall ein. Nach 10 Stunden wird die Kurve flach und sinkt dann nur noch langsam. Nach Verlauf von 2 Tagen wird nahezu Konstanz erreicht.

Die Kurven *I* bis *III* der Abb. 38 zeigen im einzelnen kleine Unterschiede, auf die näher eingegangen sei. Kurve *I* wurde bei 29% Anmachwasser und 16° C erhalten, Kurve *II* bei 29% Anmachwasser und 20° C. Auch hier zeigt sich wieder, daß höheren Temperaturen größere Leitfähigkeiten entsprechen. Da bei höherer Temperatur die Reaktionsgeschwindigkeit des Abbindeprozesses eine größere ist, so überschneidet die Kurve *II* schon nach 5 Stunden die Kurve *I* und erreicht viel früher niedrigere Leitfähigkeitswerte als Kurve *I*. Kurve *III* ergab sich bei 28% Anmachwasser und 20° C. Die Werte dieser Kurve liegen entsprechend dem geringeren Anmachwassergehalt niedriger als bei Kurve *II*. Im übrigen verlaufen aber Kurve *II* und Kurve *III*

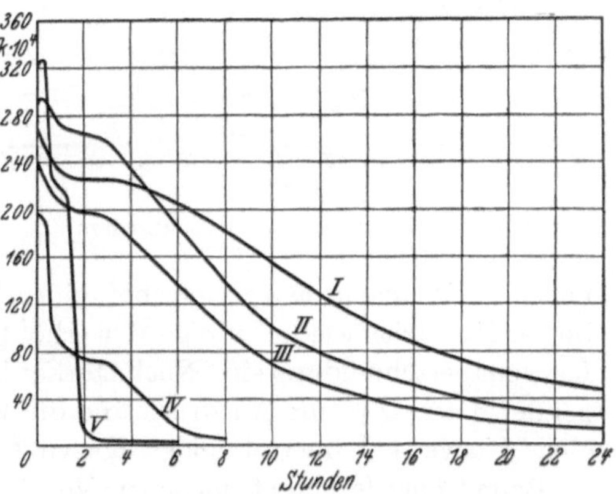

Abb. 38. Leitfähigkeit von Portlandzement.

nahezu parallel, da bei gleicher Versuchstemperatur auch die Reaktionsgeschwindigkeiten ungefähr die gleichen sind. Kurve *IV* wurde bei 26% Anmachwasser und 20° C erzielt. Sie liegt noch tiefer als Kurve *III*. Da der Wassergehalt bei diesem Versuch den bei den viskosimetrischen Messungen verwendeten Wassermengen am nächsten kommt, so ist ein Vergleich der Kurve *IV* mit den viskosimetrisch gemessenen Abbindekurven (s. Abb. 24 u. 25) besonders gut möglich. Es zeigt sich dabei eine verblüffende Ähnlichkeit der auf ganz verschiedenem Wege gefundenen Kurven. Den Einfluß der Temperatur auf die Reaktionsgeschwindigkeit gibt Kurve *V* sehr deutlich wieder, die bei 28% Anmachwasser und bei einer Temperatur von 40° C erhalten wurde. Sie überschneidet sämtliche anderen Kurven, und schon nach 3 Stunden ist Konstanz erreicht.

Nahezu das gleiche Leitfähigkeitsbild liefert der Hochofenzement (Abb. 39). Nur liegen hier die Leitfähigkeitswerte infolge des geringeren Kalkgehalts durchweg etwas tiefer als beim Portlandzement. Kurve *I* wurde bei einer Temperatur von 16° C und 29% Anmachwasser erzielt.

Die Leitfähigkeit steigt in den ersten 20 Min. etwas an, erreicht ein Maximum und fällt dann weitere 20 Min. ab. Nach ungefähr 1 Stunde verflacht sich die Kurve und bleibt dann 4 Stunden lang ungefähr konstant. Danach tritt ein erneuter starker Abfall und nach 12 Stunden all-mähliche Verflachung ein. Nach 2 Tagen bleiben die Werte ungefähr konstant. Der Einfluß des Anmachwassers wird deutlich an Kurve *II*, die sich bei gleicher Temperatur wie Kurve *I* und mit 28% Anmachwasser ergab. Die Leitfähigkeitswerte sind niedriger als bei 29% Anmachwasser, und die Konstanz ist etwas früher erreicht. Den Einfluß der Temperatur zeigt Kurve *III*, die

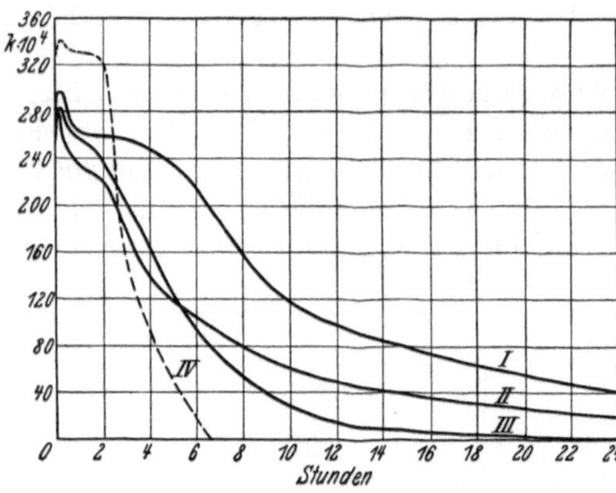

Abb. 39. Leitfähigkeit von Hochofenzement.

mit 28% Anmachwasser und bei einer Temperatur von 20° C resultierte. Hier tritt wieder infolge der erhöhten Reaktionsgeschwindigkeit Kurvenüberschneidung ein. Noch stärker kommt der Temperatureinfluß bei der Kurve *IV* zum Ausdruck, die die Verhältnisse bei 40° C wiedergibt. Kurve *IV* überschneidet Kurve *I* bis *III*.

Beim Tonerdezement liegen die Verhältnisse ganz ähnlich (Abb. 40), so daß hierauf im einzelnen nicht näher eingegangen zu werden braucht. Die Leitfähigkeitswerte liegen erheblich unter denen von Hochofenzement und Portlandzement, und die Kurvenbilder deuten auf einen kürzeren Reaktionsverlauf hin. Abb. 40 zeigt zwei Kurven, von denen die obere bei 26% Wasser und 16° C und die untere bei 25% Wasser und 16° C erhalten wurde (vgl. auch hier wieder die Ähnlichkeit mit der viskosimetrisch gemessenen Abbindekurve, Abb. 27).

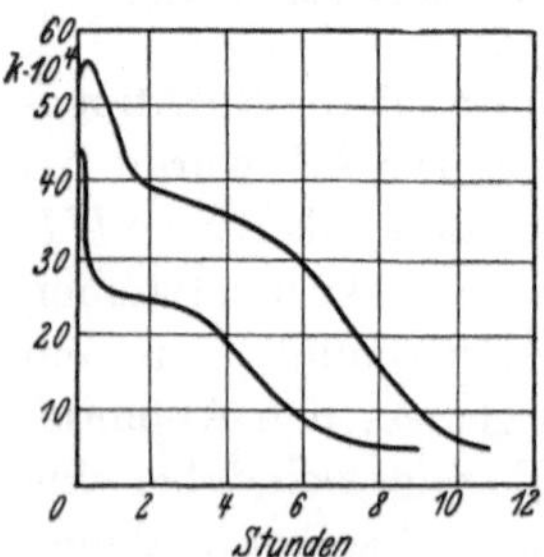

Abb. 40. Leitfähigkeit von Tonerdezement.

Es war nun noch interessant zu untersuchen, wie sich basische Hochofenschlacke, die für die Herstellung des Hochofenzements[1] verwendet wird, bei diesen Messungen verhielt. Zu diesem Zweck wurde Hochofenschlacke untersucht, deren chemische Analyse aus der folgenden Zusammenstellung ersichtlich ist:

---

[1] Hochofenzement ist ein Gemisch aus 30 Teilen Portlandzement mit 70 Teilen Hochofenschlacke.

Hochofenschlacke.

Unlöslicher Rückstand . .	3,32%	$Fe_2O_3 + FeO$	3,34%
Glühverlust	0,28%	CaO	42,24%
SiO_2	29,48%	MgO	1,50%
Al_2O_3	18,22%	SO_3 ·	0,70%

Sulfidschwefel 0,85%

Die Messungen geschahen mit 29% Anmachwasser und bei Temperaturen von 20° und 30° C. Die Ergebnisse zeigt Abb. 41. Es ergibt sich danach ein Leitfähigkeitsanstieg in den ersten Stunden und dann ein parabelförmiger Abstieg ohne irgendwelche Haltepunkte, wie sie von Y. Shimizu beobachtet worden sind.

Wie ist dieses Ergebnis und wie sind die bei den untersuchten Zementen erhaltenen Ergebnisse zu deuten? Offenbar ist es so, daß beim Anmachen des Zements und in der ersten Zeit nach dem Anmachen CaO

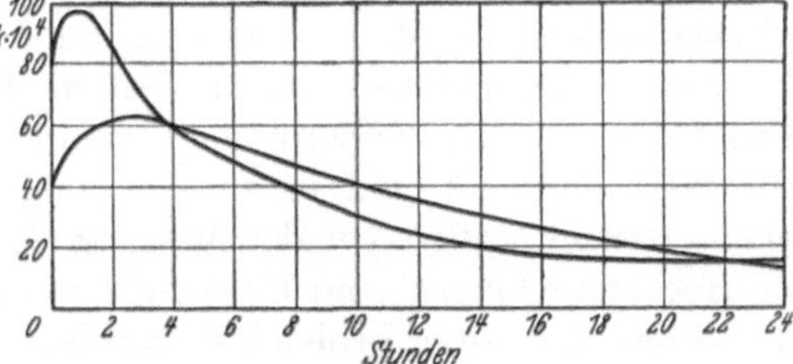

Abb. 41. Leitfähigkeit von Hochofenschlacke.

(im Falle des Portlandzements und des Hochofenzements), bzw. $CaO \cdot Al_2O_3$ (im Falle des Tonerdezements) in Lösung geht, wobei die Leitfähigkeit ansteigt. Beim Leitfähigkeitsmaximum ist Sättigung erreicht, und das $Ca(OH)_2$ beginnt auszukristallisieren, bzw. das Monokalziumaluminat reagiert mit $Ca(OH)_2$ unter Bildung von kristallinen Polykalziumaluminaten, vor allem von Trikalziumaluminat. Gleichzeitig hiermit setzt lebhafte Hydratation unter Gelbildung und Wasserentzug aus dem Gel ein, wobei das gebildete $Ca(OH)_2$ in den Gelhüllen eingeschlossen wird. Daher sinkt die Leitfähigkeit, und zwar um so mehr, je lebhafter die Gelbildung gefördert wird. Schließlich ist nach ungefähr einer Stunde — wie sich dies auch aus meinen viskosimetrischen Messungen einwandfrei ergibt — die Gelbildung so stark vorgeschritten, daß eine Reaktionshemmung eintritt. Die Zementteilchen sind mit dicken Gelhüllen umgeben (siehe Abb. 1), und dem Einwirken des Wassers ist eine Zeitlang ein Ziel gesetzt. Die Leitfähigkeit sinkt von nun an nicht mehr oder nur sehr langsam ab. Es ist dies ein Zustand, der ungefähr 2 bis 3 Stunden — dies ist bei den einzelnen Zementen verschieden — anhält. Es ist wahrscheinlich, daß dann eine Art Sprengung der Gelhüllen eintritt, und das Wasser weiter zum Kern vordringen kann. Jedenfalls beobachtet man nunmehr ein erneutes Sinken der Leitfähigkeit. Dabei dürfte weitere Gelbildung stattfinden. Je lebhafter die Reaktion des Wassers vor sich geht, desto mehr wird die Gel-

4*

bildung gefördert, und desto steiler ist der Abfall der Leitfähigkeitskurve. Besonders deutlich kommt dies in der Temperaturabhängigkeit zum Ausdruck.

Schließlich ist die Gelbildung so weit fortgeschritten, daß eine abermalige Verlangsamung der Reaktionsgeschwindigkeit eintritt (nach ungefähr 10 Stunden beim Portlandzement, nach 12 Stunden beim Hochofenzement und nach 6 Stunden beim Tonerdezement). Es ist dies der Zeitpunkt des Abbindeendes nach der Definition von Vicat. Die Leitfähigkeit sinkt dann nur noch sehr allmählich und erreicht nach 2 Tagen einen nahezu konstanten Wert.

Bei der Hochofenschlacke verlaufen die Prozesse anders. Basische Hochofenschlacke ist für sich allein kein hydraulisches Bindemittel, d. h. sie erreicht, mit Wasser versetzt, keine Eigenfestigkeit. Daher kann immerhin angenommen werden, daß in der Hochofenschlacke allein beim Anmachen mit Wasser kolloidchemische Prozesse unter Gelbildung sehr viel langsamer und in entsprechend geringerem Maße vor sich gehen. Hiermit fallen bei der Messung der spezifischen Leitfähigkeit der Hochofenschlacke jene Unstetigkeiten im Kurvenverlauf fort, wie sie bei den Zementen beobachtet wurden, und die in der Hauptsache auf schnell verlaufende Gelatinierungsprozesse zurückgeführt werden können. Den Anstieg der Leitfähigkeit der Hochofenschlacke in der ersten Stunde haben wir uns mit der Lösung von Kalk, das Maximum mit der Sättigung der Lösung an $Ca(OH)_2$ und den parabelförmigen Abstieg damit zu erklären, daß durch Salzbildung und durch die Hydratation der Kalziumsilikate und Kalziumaluminate der Lösung Wasser entzogen wird. Alle diese Vorgänge finden infolge der Reaktionsträgheit der Schlacke nur sehr langsam statt, so daß die allmähliche Gelbildung die weitere Reaktion des Wassers mit den Schlackenkörnern nicht hemmt.

Wie sich die Hochofenschlacke bei Mischung mit Portlandzement kolloidchemisch verhält, ob sie dann hydraulische Eigenschaften in dem Sinne erhält, daß sie sich an der Gelbildung beteiligt, das muß erst noch genauer untersucht werden. Die oben dargestellten Leitfähigkeitsversuche an Hochofenzementen scheinen dafür zu sprechen, daß die Reaktionsgeschwindigkeit der Hochofenschlacke durch einen Zusatz von Portlandzement wesentlich beschleunigt, und die Schlacke als solche „aufgeschlossen" wird. Die Unterschiede im Leitfähigkeitsverlauf beider Zementarten sind jedenfalls außerordentlich gering. Die bisherige Bezeichnung der Hochofenschlacke als eines „latent hydraulischen Bindemittels", das seine hydraulischen Eigenschaften erst in Verbindung mit Portlandzement entfaltet — wie wir dies immer in der Literatur finden —, gibt nur eine nichtssagende Scheinerklärung für einen an sich noch völlig ungeklärten Tatbestand. Vielleicht können hier ganz eingehende weitere Versuche über die elektrische Leitfähigkeit der Hochofenschlacke Einblick in diesen sehr komplizierten Mechanismus geben. Diese Untersuchungen sind im Gange.

Die Messungen zeigen, daß die Unstetigkeiten im Leitfähigkeitsverlauf abbindender Zemente Geßner zum großen Teil entgangen sind. Die Messungen von Y. Shimizu konnten hinsichtlich der von mir untersuchten Hochofenschlacke nicht bestätigt werden. Es besteht aber durchaus die Möglichkeit, daß weniger reaktionsträge, „aufgeschlossenere" Hochofenschlacken entsprechend einer schnelleren Gelbildung jene von Shimizu beobachteten Kurvenabfälle zeigen. Theoretisch bestehen hiergegen keine Bedenken. Ferner zeigt der von Shimizu untersuchte Portlandzement einen erheblich flacheren Kurvenverlauf als die von mir untersuchten Zemente; aber dies hängt wahrscheinlich mit der Zementart zusammen. Da die chemischen Analysen der untersuchten Zemente weder von Geßner noch von Shimizu angegeben wurden, so läßt sich dies leider nicht entscheiden.

Zusammenfassung von 3.

1. Es wird eine Methode ausgearbeitet, die die spezifische Leitfähigkeit technischer Zementbreie einwandfrei zu messen gestattet.

2. Die spezifische Leitfähigkeit verschiedener abbindender Zemente wird mit einer ganz einfachen Apparatur untersucht. Es wird festgestellt, daß die spezifische Leitfähigkeit der einzelnen Zemente in der Reihenfolge: hochwertiger Portlandzement, gewöhnlicher Portlandzement, Hochofenzement, Tonerdezement abnimmt. Ferner wird beobachtet, daß in der ersten Zeit nach dem Anmachen die Leitfähigkeit ansteigt und dann nach ungefähr einer halben Stunde sinkt. Danach folgt ein Gebiet von nahezu konstanter Leitfähigkeit bis zu ca. 3 Stunden. Dann sinkt die spezifische Leitfähigkeit weiter, um nach 2 Tagen einen konstanten Wert zu erreichen. Der Kurvenverlauf ist bei den einzelnen Zementen entsprechend der verschiedenen Abbindegeschwindigkeit verschieden.

3. Es wird der Einfluß des Anmachwassers und der Temperatur auf die spezifische Leitfähigkeit der Zemente untersucht.

4. Schließlich wird die spezifische Leitfähigkeit von basischer Hochofenschlacke gemessen. Es wird festgestellt, daß sie sich anders als die untersuchten Zemente verhält.

5. Die beobachteten Erscheinungen werden im Sinne der entwickelten Abbindetheorie gedeutet. Die spezifische Leitfähigkeit wird mit dem Verhalten der Zemente gegen aggressive Salzlösungen in Beziehung gesetzt.

4. Die Abbindetemperatur verschiedener Zemente.

Da die Untersuchungen über die Viskosität und die spezifische Leitfähigkeit abbindender Zemente ergeben hatten, daß unmittelbar nach dem Zusammenbringen des Zements mit Wasser äußerst lebhafte Reaktionen einsetzen, die unstetig verlaufen, stets aber nach ungefähr 12 bis 15 Stunden zu einer gewissen Konstanz kommen, so lag der Gedanke nahe, diese Reaktionen auch thermisch zu erfassen. Solche Untersuchungen sind erst kürzlich von Nacken[1] am Portlandzement ausgeführt worden. Nacken hat die Wasserbindung von Portlandzement und die Temperatur von abbindendem Portlandzement gemessen und zwischen diesen beiden Größen eine bemerkenswerte Übereinstimmung gefunden. Da die chemische Zusammensetzung der von Nacken untersuchten Portlandzemente nicht bekannt ist, so lassen sich die von Nacken erhaltenen Temperaturkurven nicht ohne weiteres mit meinen Messungen über die Viskosität und die Leitfähigkeit vergleichen. Es waren daher eigene Untersuchungen mit den gleichen Zementen, wie sie bei den viskosimetrischen und den elektrischen Untersuchungen verwendet wurden, auszuführen. Dementsprechend mußten die Temperaturmessungen auch auf die verschiedenen Zementarten — hochwertigen und gewöhnlichen Portlandzement, Eisenportlandzement, Hochofenzement und Tonerdezement — ausgedehnt werden.

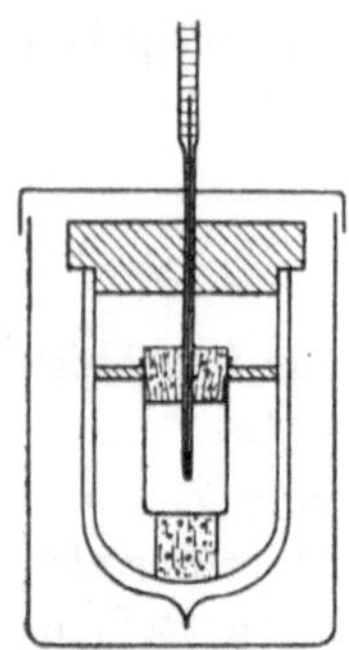

Abb. 42. Apparat zur Messung der Abbindetemperatur.

Der für diese Messungen benutzte Apparat ist aus Abb. 42 ersichtlich. Er besteht aus einer breiten Thermosflasche mit doppelter Korkisolierung. In der Flasche befindet sich ein durch Kork isoliertes Becherglas, das mit dem zu untersuchenden Zementbrei gefüllt wird. In den Zementbrei ragt ein Thermometer mit $^1/_{20}{}^0$-Einteilung hinein. Es wurde hochwertiger und gewöhnlicher Portlandzement, Eisenportlandzement, Hochofenzement und Tonerdezement bei einer Außentemperatur von konstant 18⁰ C untersucht.

Die Ergebnisse dieser Versuche zeigt Abb. 43[2]. Es ergibt sich hiernach, daß die Temperatur sämtlicher Zemente kurze Zeit nach dem Zusammenbringen mit Wasser um ca. 5⁰ C ansteigt. Danach bleibt die Temperatur beim Tonerdezement 1½ Stunden lang, beim hochwertigen Portlandzement 2 Stunden, beim gewöhnlichen Portlandzement 3 Stunden, beim Eisenportlandzement 3½ Stunden und beim Hochofenzement 4 Stunden lang konstant. Nach den genannten Zeiten steigt bei allen

---

[1] Nacken: Bericht über Forschungsergebnisse. Zement **47**, 1366ff. (1929).

[2] In sämtliche Messungen geht eine Konstante ein, die von der Wärmeausstrahlung des Untersuchungsgefäßes abhängt.

Zementen die Temperatur rasch an. Der Zeitpunkt dieses Temperaturanstiegs fällt zusammen mit dem nach Vicat gemessenen Abbindebeginn. Der Tonerdezement erreicht nach 5½ Stunden ein Temperaturmaximum von 116° C (Kurve *I*), der hochwertige Portlandzement nach 9½ Stunden ein Maximum von 68° C (Kurve *II*), der gewöhnliche Portlandzement nach 12 Stunden ein Maximum von 56° C (Kurve *III*), der Eisenportlandzement nach 12½ Stunden ein Maximum von 41,5° C (Kurve *IV*) und der Hochofenzement nach 15 Stunden ein Maximum von 33° C (Kurve *V*). Im interessanten Gegensatz hierzu steht Kurve *VI*, die bei der Messung von Gips erhalten wurde. Gips bindet schon nach wenigen Minuten unter starker Temperaturentwicklung ab. Man erhält beim Gips vor dem Maximum noch einen sehr deutlich feststellbaren Wende- und Haltepunkt, der in der Abb. 43 jedoch nicht mehr zu erkennen ist. Sämtliche Maxima fallen ungefähr mit dem Abbindeende zusammen.

Die hohe und in sehr kurzer Zeit erreichte Abbindetemperatur des Tonerdezements ist auf die rasche Hydratation der Kalziumaluminate, die sich mit äußerster Lebhaftigkeit vollzieht, zurückzu

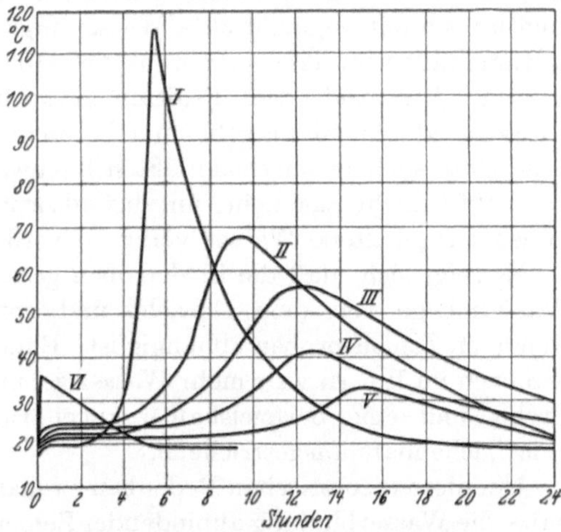

Abb. 43. Abbindetemperatur verschiedener Zemente in Abhängigkeit von der Zeit. *I* Tonerdezement, *II* hochwertiger Portlandzement, *III* gewöhnlicher Portlandzement, *IV* Eisenportlandzement, *V* Hochofenzement, *VI* Gips.

führen, wie dies ja auch aus den elektrischen Messungen (siehe Abb. 40) mit aller Deutlichkeit hervorgeht. Die Hydratation der im Portlandzement vorkommenden Kalziumsilikate geht wesentlich langsamer und unter geringerer Wärmetönung vor sich und setzt wesentlich später ein als beim Tonerdezement. Der Temperaturunterschied zwischen dem hochwertigen und dem gewöhnlichen Portlandzement und die zeitliche Verschiebung der Temperaturmaxima beider Zemente ist auf den Unterschied in den reaktionsfähigen Oberflächen dieser Zemente zurückzuführen. Entsprechend der größeren Reaktionsoberfläche ist die Abbindetemperatur beim hochwertigen Portlandzement wesentlich höher als beim gewöhnlichen Portlandzement. Die Temperaturen beim Eisenportlandzement (70 Teile Portlandzement und 30 Teile Hochofenschlacke) und beim Hochofenzement (30 Teile Portlandzement und 70 Teile Hochofenschlacke) liegen wesentlich niedriger als bei den Portlandzementen, und die Maximaltemperaturen werden bei diesen Zementen später erreicht. Diese Erscheinungen hängen ganz offenbar mit der Reaktionsträgheit der dem Eisenportlandzement und dem Hochofenzement beigemengten Hochofenschlacke zusammen.

5. Die Wasserbindung abbindender Zemente.

Wir haben weiterhin versucht, die Abbindetemperaturen der Zemente mit ihrer Wasserbindung zu vergleichen, wie dies Nacken für Portlandzement durchgeführt hat. Nach Nacken[1] wird bei der Messung der Wasserbindung abbindender Zemente so verfahren, daß kleine Zementproben mit ungefähr 30% Wasser angerührt und nach bestimmten Zeitintervallen im Trockenschrank bei 110° C eine Stunde lang erhitzt werden. Das nach dem Erhitzen zurückbleibende Wasser soll nach Nacken als chemisch gebunden betrachtet werden können. Gegen diese Untersuchungsmethode läßt sich einwenden, daß eine Temperatur von 110° C nicht ausreicht, um das adsorptiv vom Zement in den Gelhüllen festgehaltene Wasser völlig zu verdampfen.

Es zeigt sich, daß die in der oben geschilderten Weise verdampfte Wassermenge von dem Gewicht und von der Oberfläche der verwendeten Zementproben abhängig ist. Eine größere Zementprobe sollte demnach im Innern weit mehr Wasser gebunden halten als eine kleinere Probe, und eine beispielshalber kugelförmige Zementprobe mehr als eine flächenhaft ausgestrichene.

Um diese theoretischen Bedenken zu klären, stellten wir uns die Aufgabe, die Wasserbindung abbindender Zemente nach dem Verfahren von Nacken experimentell nachzuprüfen.

Verschiedene Zemente wurden mit 30% Wasser angemacht; dann wurden von dem entstandenen Zementbrei mit einem Spatel möglichst gleich große Proben von ca. 0,4 bis 0,8 g in kleine Glasschälchen gegeben, und diese auf einer analytischen Schnellwage gewogen. Danach wurden die Proben in einen kleinen Kasten mit 100% Luftfeuchtigkeit gestellt. Nach bestimmten Zeitintervallen wurden die Proben in einem Trockenschrank bei 110° eine Stunde lang und bei späteren Versuchen sogar 2 Stunden lang erhitzt und danach wieder gewogen. Obwohl wir nun Hunderte von Versuchen dieser Art ausgeführt haben, so kann von einer Reproduzierbarkeit der Versuche in keinem Falle gesprochen werden[2].

---

[1] Nacken, R.: Bericht über Forschungsergebnisse. Zement **44**, 1047 (1927); **47/48**, 1366 ff. (1929).

[2] Nacken schreibt über die von ihm bei den Wasserbindungskurven erhaltenen Knickpunkte: „Ohne den Resultaten Zwang anzutun, könnten ebenso gut kontinuierliche Kurven gezeichnet werden." Ich habe auch zahlreiche Knickpunkte bei diesen Untersuchungen erhalten, möchte aber wegen der Unsicherheit dieser Ergebnisse von einer Veröffentlichung Abstand nehmen.

Die Ursache für den negativen Ausfall dieser Messungen liegt in der Adsorption des Wassers in den Gelhüllen, die bei 110⁰ C nur zum Teil aufgehoben wird. Zum Beweis für die Richtigkeit dieser Ansicht haben wir einige Zementproben, die nach mehrmaligem Erhitzen auf 110⁰ C gewichtskonstant blieben, im Achatmörser sorgfältig staubfein gemahlen und nochmals bei 110⁰ C erhitzt. Es zeigte sich eine erneute Wasserabgabe, die um so stärker war, je größer die verwendete Probe war. Damit war die Ursache für den negativen Ausfall dieser Versuche aufgezeigt.

Nur eines geht aus meinen Versuchen über die Wasserbindung mit Sicherheit hervor, daß nämlich in der ersten Stunde eine sehr starke Wasserbindung stattfindet. 100 Gewichtsteile Portlandzement binden unter den genannten Versuchsbedingungen am ersten Tage ungefähr 2 bis 4 Gewichtsteile Wasser, Tonerdezement ungefähr das Dreifache. Die Menge des gebundenen Wassers ist bei den einzelnen Zementen verschieden. Dieser Befund kann als einigermaßen gesichert hingestellt werden. Ob es sich hierbei allerdings um chemisch gebundenes Wasser handelt, oder ob dieser Wert gleichzeitig das adsorptiv in den Gelhüllen gebundene Wasser enthält, das müssen erst weitere Untersuchungen ergeben. Richtunggebend für diese Untersuchungen wird die Messung von Dampfdruckisothermen an abbindenden und erhärteten Zementen sein[1].

6. Die Wasserlöslichkeit von Portlandzement.

Bei der Darstellung der Untersuchungen über die elektrische Leitfähigkeit und über die Abbindetemperatur wurde des öfteren auf die Entstehung des $Ca(OH)_2$ beim Abbinden hingewiesen. Es war nun zu untersuchen, ob beim Zusammenbringen von Zement und Wasser nur Kalkhydrat entsteht, oder ob sich noch andere wasserlösliche Bestandteile beim Abbinden bilden und in welcher Menge sie im Anmachwasser auftreten.

Zunächst wurde die Löslichkeit von $Ca(OH)_2$ in Wasser bei 18⁰ C untersucht. Es ergab sich eine Löslichkeit von 0,156 g $Ca(OH)_2$ in 100 ccm Wasser. Sodann wurde die Wasserlöslichkeit verschiedener Portlandzemente bei einer Temperatur von 18⁰ C gemessen. Zu diesem Zweck wurden 50 g Zement in einem Zweiliterrundkolben mit 1000 ccm destilliertem Wasser in einer Schüttelmaschine geschüttelt. Das Gemisch wurde nach bestimmten Schüttelzeiten sehr schnell mittels Saugpumpe filtriert und je 100 ccm vom Filtrat analysiert. Die Analysen ergaben eindeutig, daß die gelösten Mengen an SiO_2, Al_2O_3, Fe_2O_3 und MgO stets verschwindend gering und nahezu unabhängig von der Schüttelzeit

---

[1] Giertz-Hedström, Stig: Zement **32**, 734 (1931); Geßner, H.: a. a. O.

waren, d. h. die gelösten Mengen waren gleich groß, ob nun 10 Min. oder 100 Min. geschüttelt wurde. Einzig veränderlich ist die gelöste Kalkmenge. Die Löslichkeit in Abhängigkeit von der Zeit ist für zwei Portlandzemente, die auch bei den viskosimetrischen, elektrischen und thermischen Messungen verwendet worden waren, in Abb. 44 dargestellt. *I* zeigt einen gewöhnlichen, *II* einen hochwertigen Portlandzement. Abgesehen von dem Unterschied in der Kalklöslichkeit, die beim hochwertigen Portlandzement wesentlich größer ist als beim gewöhnlichen, zeigen die Kurven einen interessanten scharfen Knick in der ersten Stunde, der mit dem bei den Leitfähigkeitsmessungen in der ersten Stunde gefundenen Maximum völlig übereinstimmt. Dieser Knick ist bei manchen Zementen nicht sehr deutlich ausgeprägt. Statt des Maximums beobachtet man dann nur einen Wendepunkt. Die Kalklöslichkeit nimmt danach wieder etwas ab und steigt nach einer weiteren halben Stunde wieder an. Nach ungefähr 8 bis 10 Stunden wird ein zweites Maximum erreicht, das mit dem Temperaturmaximum (s. S. 55) nahezu übereinstimmt. Nach diesem zweiten Maximum sinkt die Kalklöslichkeit ganz allmählich, um nach 48 Stunden nahezu Konstanz zu erreichen. Die Kalklöslichkeitskurven weisen zu genau den gleichen Zeiten wie die Temperaturkurven ausgezeichnete Punkte auf: in der ersten Stunde und nach 8 bis 10 Stunden.

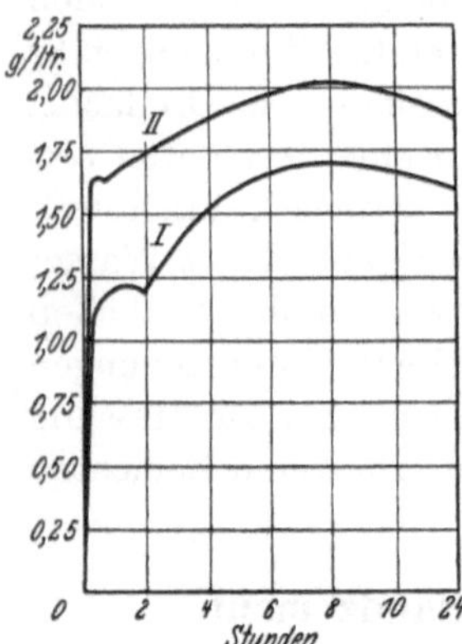

Abb. 44. Wasserlöslichkeitskurve von Portlandzementen (Ordinate: Gramm CaO pro Liter). *I* gewöhnlicher Portlandzement, *II* hochwertiger Portlandzement.

Erstaunlich ist, daß die Kalklöslichkeit in Gegenwart von Zement erheblich größere Werte aufweist als in reinem Wasser ohne Zement. Nacken, der gleichfalls diese Erscheinung beobachtet hat, nimmt an, daß sich in der Lösung eine Art Schutzkolloid bildet, das die Kalklöslichkeit erhöht. Mit dem Grade der Ausflockung dieses Schutzkolloids soll dann die Kalklöslichkeit wieder sinken. Wieweit diese Annahmen zutreffen, das müssen erst weitere kolloidchemische Untersuchungen ergeben.

Zusammenfassung von 4, 5 und 6.

1. Es wird die Abbindetemperatur von verschiedenen Zementen und von Gips gemessen. Es zeigen sich hierbei zwei Temperaturmaxima, eines in der ersten Stunde und eines nach mehreren Stunden. Tonerdezement erreicht nach 5½ Stunden eine Maximaltemperatur von 116° C, hochwertiger Portlandzement nach 9½ Stunden eine solche von 68° C, gewöhnlicher Portlandzement nach 12 Stunden 56° C, Eisenportland-

zement nach 12½ Stunden 41,5⁰ C und Hochofenzement nach 15 Stunden 33⁰ C.

2. Die Untersuchung der Wasserbindung abbindender Zemente nach dem Verfahren von Nacken führte zu negativem Ergebnis. Es konnten die Ursachen hierfür aufgezeigt werden. Mit einiger Sicherheit konnte festgestellt werden, daß abbindende Zemente in der ersten Zeit ungefähr 2 bis 4% Wasser chemisch und adsorptiv binden.

3. Es wurde die Wasserlöslichkeit verschiedener Portlandzemente in Abhängigkeit von der Zeit untersucht. Die Untersuchungen ergaben zwei Löslichkeitsmaxima. Sie stehen im Einklang mit den bei der Untersuchung der elektrischen Leitfähigkeit, der Viskosität und der Abbindetemperatur erzielten Ergebnissen.

II. Untersuchungen über das Verhalten von Zementen gegenüber aggressiven Lösungen.

Einleitung.

Weiter oben wurde schon des öfteren von dem Verhalten der Zemente gegenüber chemischen Angriffen gesprochen. Es ist dies ein Problem, das heute, wo die Fragen der Konstitution und der Vorgänge bei der technischen Herstellung des Zements bis zu einem gewissen Grade geklärt sind, wohl als das dringlichste der ganzen Zementchemie bezeichnet werden kann. Es stehen hierbei ungeheure wirtschaftliche Werte auf dem Spiel. Zur Verdeutlichung des Gesagten sei nur auf die zerstörenden Kräfte hingewiesen, denen die Baudämme im Meerwasser und die Talsperren und Brücken im See- und Flußwasser ausgesetzt sind.

Alle Baumaterialien unterliegen einer langsamen Zerstörung, bei welcher das Wasser der weitaus wichtigste Faktor ist. Alles, was man von der Dauer eines Mörtels oder Betons erhoffen kann, ist, daß es einmal gelingen wird, ihre Widerstandsfähigkeit der der natürlich vorkommenden Gesteine ähnlich zu machen. Ein Zement müßte z. B. widerstehen können, wenn er mit Regen oder Grundwasser in Berührung kommt, wobei bei den heutigen Zementen der Kalk des Zements durch das Wasser herausgewaschen wird, und die in allen natürlichen Wässern vorkommenden Salze, in der Hauptsache Sulfate, chemisch mit dem Kalk und der Tonerde reagieren. Seit den Veröffentlichungen von Le Chatelier[1] und Michaelis[2], die als erste die geringe Widerstandsfähigkeit der Zemente gegenüber Säuren und Salzen erkannt haben, ist eine Unzahl von Arbeiten auf diesem Gebiet erschienen. Sie sind in möglichster Vollständigkeit in einem besonderen Literaturanhang unter gleichzeitiger Zuhilfenahme der Literaturzusammenstellungen von Endell[3], Gaßner[4] und Zimmermann[5] bis 1931 zusammengefaßt und kritisch gesichtet. (Eine Diskussion der Ergebnisse bis 1917 siehe bei Gaßner).

---

[1] Le Chatelier: Kongreß der Untersuchung der Baumaterialien. Paris 1900.

[2] Michaelis, W.: Tonind.-Zg. 1892, Nr 6, 105.

[3] Endell: Zement 1918, Nr 51, 320.

[4] Gaßner, O.: Tonind.-Zg. 1924 Nr 43, 49, 52, 54, S. 467, 528, 569, 591ff.

[5] Zimmermann, L.: Protokolle der Verhandlungen des Vereins Deutscher Portlandzementfabrikanten 1924, 195ff.

Der weitaus größte Teil dieser Arbeiten enthält Berichte über Beobachtungen von Zerstörungen an Bauwerken, Flüssigkeitsbehältern, Talsperren, Flußdämmen, Brücken und Molen, und nur wenige Arbeiten sind Veröffentlichungen wissenschaftlicher systematischer Untersuchungen. Die Ergebnisse aller dieser Arbeiten widersprechen sich. Dies zeigt am deutlichsten die Gaßnersche Literaturarbeit. Es liegt dies daran, daß bei der Prüfung und Beurteilung des Verhaltens von Zement, Mörtel und Beton gegenüber den verschiedenen aggressiven Stoffen, Salzlösungen, Säuren und Ölen die Innehaltung und die genaue Festlegung der Versuchsbedingungen für die wissenschaftliche Auswertung der Versuchsergebnisse von ausschlaggebender Bedeutung ist. Dies ist jedoch in den meisten Fällen nicht beachtet worden. Ohne genaue Versuchsbedingungen ist ein Vergleich von Untersuchungsergebnissen nicht möglich. Berücksichtigt man dies, so wird die Zahl der wissenschaftlich verwertbaren Arbeiten auf diesem Gebiet außerordentlich klein.

Es ergab sich nun die Aufgabe, zunächst einmal die Versuchsbedingungen für die Prüfung der Widerstandsfähigkeit von Zementen gegenüber aggressiven Lösungen experimentell festzulegen und eine einwandfreie Versuchsmethodik auszuarbeiten. Es sei vorweggenommen, daß durch unsere Untersuchungen[1] erstmals festgestellt werden konnte, daß bei der Prüfung des Verhaltens von Zement, Mörtel und Beton gegenüber aggressiven Lösungen folgende Versuchsbedingungen streng beachtet werden müssen:

1. Die Art des Zements (hinsichtlich seiner chemischen Beschaffenheit). Alle Zemente verhalten sich gegenüber aggressiven Lösungen verschieden. Da, wie man gefunden hat, der Kalk- und Tonerdegehalt der Zemente für die Widerstandsfähigkeit eines Zements von Bedeutung ist, so können selbst kleine Schwankungen (z. B. schon zwischen 63% und 65% CaO) nicht gleichgültig sein. Besonders auffällig wird dies bei verschiedenartigen Zementen, wie Portlandzement, Hochofenzement und Tonerdezement, zutage treten. Neben der chemischen Analyse ist für die Zerstörbarkeit eines Zements ferner von großer Bedeutung, welches Rohmaterial für die Zementherstellung verwendet wurde, in welchem Grade die Kalk- und Tonerdesilikate des Rohmaterials durch den Brennprozeß im Schacht- oder Drehrohrofen aufgeschlossen, gebildet und verändert worden sind, ferner ob Stark- oder Schwachbrand zur

---

[1] Probst, E., u. K. E. Dorsch: Die Einwirkung chemisch aggressiver Lösungen auf Zement und Mörtel. Zement 1929 Nr 10 u. 11. — Der Einfluß der Temperatur der Salzlösung und der Mörtelstruktur auf das Verhalten von Portlandzement in aggressiven Lösungen. Zement 1929, Nr 36. — Neuere Untersuchungen über die Einwirkung chemisch aggressiver Lösungen auf Zement und Mörtel. Forsch.-Berichte der Techn. Hochsch. zu Karlsruhe i. B. 1931.

Untersuchung vorliegt. Ein Starkbrand wird sich, selbst bei gleicher chemischer Analyse, völlig anders gegenüber aggressiven Lösungen verhalten wie ein Schwachbrand, ein Jungbrand anders wie ein lange gelagerter Zement von gleicher Zusammensetzung. Den Einfluß des Rohmaterials hat man in der Glas- und Keramischen Industrie schon seit langem erkannt. Diese Dinge müssen nun auch bei der Beurteilung der Zerstörbarkeit durch aggressive Lösungen beachtet werden. Hieraus ergibt sich, daß die chemische Analyse allein nur ein beschränktes Bild von dem tatsächlichen Verhalten eines Zements in aggressiven Lösungen vermittelt.

2. Die Mahlfeinheit des Zements. Es ist klar, daß mit einem Ansteigen der Mahlfeinheit gleichzeitig die Oberfläche des Zements und damit seine Reaktionsfähigkeit ansteigt. So hat beispielshalber Zementmaterial, das gerade noch das 4900-Maschensieb zu passieren vermag, eine ungefähr 2,3 mal größere reaktionsfähige Oberfläche als ein Material, das durch das 900-Maschensieb geht. Unter der Annahme, daß reaktionsfähige Oberfläche und Angreifbarkeit durch chemische Agenzien proportional verlaufen, würde sich mithin ergeben, daß ein Zement, der nur aus einem Material bestände, das das 4900-Maschensieb passiert, 2,3 mal weniger widerstandsfähig wäre als ein gleicher Zement, der aus einem 900-Maschensiebkorn zusammengestellt wäre. Dieses extrem gewählte Beispiel zeigt, welche Wichtigkeit der genauen Kenntnis der Mahlfeinheit eines Zements bei seinem Verhalten gegenüber aggressiven Lösungen zukommt.

Die sehr fein gemahlenen, ,,hochwertigen'' Zemente, deren Hochwertigkeit sich auf die hohe Anfangsfestigkeit bezieht, sind unter dem Gesichtspunkt der Zerstörbarkeit durch aggressive Lösungen besonders minderwertig. Die ,,hochwertigen'' Zemente sollten daher besser nur als ,,frühhochfest'' bezeichnet werden.

3. Die Beschaffenheit und Zusammensetzung des Zuschlagmaterials. Die Beschaffenheit des Zuschlagmaterials ist deswegen von Bedeutung, weil, wie wir wissen, auch natürliches Gestein der Zerstörung und Verwitterung anheimfällt. Bei verschiedener Zusammensetzung des Zuschlagmaterials erhält man ferner ein verschieden dichtes Material. Damit erhellt, wie wichtig ein weiterer Punkt ist, nämlich

4. die Dichte bzw. die Porosität. Die Möglichkeit und Geschwindigkeit des Eindringens aggressiver Flüssigkeiten hängt ab von der Dichte und Porosität des Zementmörtels oder -betons. Je größer seine Dichte ist, um so kleiner ist die Gefahr des Eindringens schädlicher Stoffe. Die Dichte, bzw. die Porosität steht in gewisser Beziehung zu dem Wasserzementfaktor.

5. Der Wasserzementfaktor. Der Wasserzementfaktor gibt die Menge Wasser in Prozenten an, die in Zement plus Zuschlagmaterial ent-

halten ist. Versetzt man einen Zementmörtel mit einer Menge Wasser, die größer ist, als der Zement zum Abbinden und Erhärten benötigt, so wird der nicht benötigte Wasserüberschuß durch außerordentlich feine Mikroporen verdampfen. In diese Mikroporen dringt dann später kapillar die aggressive Flüssigkeit ein und richtet im Innern des Körpers Zerstörungen an.

Es ist ohne weiters klar, daß bei wissenschaftlichen, vergleichenden Untersuchungen auch die Art des Anmachwassers berücksichtigt werden muß. Als Anmachwasser wird in den meisten Fällen Leitungswasser benutzt. Es konnte von Probst und Dorsch[1] gezeigt werden, daß das Anmachwasser die Mörtelfestigkeit in hohem Maße beeinflußt. Diese Untersuchungen lassen bei der Herstellung von Normen- und Vergleichskörpern eine Normierung des Anmachwassers als notwendig erscheinen. Als normiertes Wasser wurde von uns destilliertes Wasser vorgeschlagen. Sämtliche Untersuchungen dieser Arbeit wurden mit destilliertem Wasser durchgeführt.

6. Die Behandlung des Zements in der ersten Zeit nach dem Anmachen ist von großem Einfluß auf den gesamten Abbinde- und Erhärtungsprozeß. Je nach der Höhe der Temperatur des Anmachwassers und des Normenraumes sowie der Luftfeuchtigkeit des Normenraumes erhält man verschieden hydratisierte Zemente. Bei hoher Temperatur des Anmachwassers und des Normenraumes und geringer Luftfeuchtigkeit wird der Abbinde- und Erhärtungsvorgang beschleunigt und die Anfangsfestigkeit erhöht, die späteren Festigkeiten hingegen werden erniedrigt. Bei niedriger Temperatur und hoher Luftfeuchtigkeit verlaufen die Reaktionen langsamer, das Wasser dringt jedoch weiter zum Klinkerkern vor. Die Anfangsfestigkeiten sind zunächst nicht sehr hoch, die späteren Festigkeiten werden jedoch beträchtlich erhöht. Es erhellt ohne weiteres, daß durch diese Faktoren auch das Verhalten der Zemente gegenüber aggressiven Lösungen stark beeinflußt wird. Welche Unterschiede in der Widerstandsfähigkeit eines Zements bei verschiedener Behandlung des Zements in der ersten Zeit sich ergeben, beweist die Wasserdampfbehandlung gegenüber der einfachen Wasserlagerung oder kombinierten Lagerung. Man hat gefunden[2] (eigene Versuche des Verfassers bestätigen dies), daß eine Wasserdampfbehandlung die Widerstandsfähigkeit des Betons gegen aggressive Lösungen sehr erheblich steigert.

7. Die Lagerungsdauer vor der Einlagerung in die aggressive Lösung. Im vorigen Absatz war schon von dem Einfluß der Behandlung des Zements in der ersten Zeit nach dem Anmachen vor der Einlagerung in

---

[1] Probst, E., u. K. E. Dorsch: Über den Einfluß des Anmachwassers auf die Mörtelfestigkeit. Zement **1930**, Nr 43.

[2] Miller u. Manson: Publ. Roads **12**, 64f. (1931).

die aggressive Lösung gesprochen worden. Aber nicht nur die Art der Behandlung, sondern auch die Zeitspanne zwischen der Herstellung des Mörtels oder Betons und der Einlagerung in die aggressive Lösung ist von Wichtigkeit. Die Angriffe durch aggressive Lösungen werden um so geringer sein, je größer die Festigkeit ist, die der Mörtel und Beton erreicht hat. Es ist daher für den Zerstörungsvorgang von großer Bedeutung, ob ein Zementmörtel 2 oder 3 Tage nach der Herstellung oder erst nach 28 Tagen in die aggressive Lösung eingelagert wird, ob der Zementmörtel in Wasser oder in Luft oder kombiniert, d. h. in Wasser und dann in Luft, vorlagerte.

8. Die Art der aggressiven Lösungen. Dies ist ohne weiteres klar. Enthält eine Lösung freie Säuren, so findet eine sofortige Zersetzung des Zements statt. Die Zersetzungsgeschwindigkeit hängt von dem Dissoziationsgrad der Säure ab. Bei Salzlösungen reagiert das Säureion mehr oder weniger schnell mit dem Kalk und der Tonerde des Zements unter Bildung von Kalksalzen usw. Der Grad der Zerstörung am Zementmörtel richtet sich oft nach der Wasserlöslichkeit dieses Kalksalzes. Je leichter löslich das gebildete Kalksalz ist, um so größer ist die Zerstörung.

9. Die Konzentration und die Menge der aggressiven Lösungen. Die Zerstörung des Zements wird um so größer sein, je größer die Konzentration der Lösung ist, die auf ihn einwirkt. Sie hängt weiter ab von der Menge der aggressiven Lösung, die zur Verfügung steht. Dies sei an einem Beispiel erläutert: Wenn in einem Gefäß, in dem sich 2000 ccm aggressive Lösung befinden, 10 Zugkörper eingelagert werden, ferner 10 Zugkörper in einem anderen Gefäß, in dem 4000 ccm aggressive Lösung (von gleicher Konzentration) enthalten sind, so werden im letzteren die Zerstörungen größer sein, da die doppelte Menge aggressiver Lösung zur Verfügung steht.

10. Die Oberfläche und Menge der Versuchskörper in den aggressiven Lösungen. Zugleich mit dem unter 9. Gesagten ergibt sich ferner, daß die reaktionsfähige Gesamtoberfläche und die Menge der Versuchskörper in den aggressiven Lösungen bei der Beurteilung der Widerstandsfähigkeit eines Zements in Betracht gezogen werden muß.

11. Die Temperatur der aggressiven Lösungen. Die Temperatur der aggressiven Lösungen ist von ungeheurem Einfluß auf den gesamten Zerstörungsverlauf. Proportional mit der Temperatur einer Salzlösung steigt und sinkt die Reaktionsgeschwindigkeit und damit die Zerstörungsgeschwindigkeit.

12. Die Art der Lagerung der Versuchskörper in den aggressiven Lösungen. Schließlich ist noch die Art der Lagerung der Versuchskörper in den aggressiven Lösungen von Bedeutung. Hier ist zu beachten, daß man verschiedene Versuchsresultate erhält je nachdem, ob man die

aggressiven Lösungen über den Versuchskörpern nicht erneuert oder täglich oder monatlich auswechselt, ob man die Versuchskörper erschütterungsfrei und an ruhigem Ort aufstellt und die Lösung nicht bewegt, oder die Versuchskörper erschüttert, und die Lösung strömen läßt. Im letzteren Falle wird durch das Herbeiführen neuer unverbrauchter Flüssigkeit und durch das Hinwegführen der gelösten Kalksalze die Reaktions- und Zerstörungsgeschwindigkeit erhöht.

Aus der Unkenntnis und Vernachlässigung oder der nur teilweisen Beachtung dieser einfachen physikalisch-chemischen Faktoren erklären sich die in der gesamten Literatur immer wieder auftauchenden Widersprüche in den Versuchsresultaten. Es läßt sich auf Grund der im folgenden dargestellten Untersuchungen heute bereits sagen, daß Arbeiten, die die oben entwickelten Gesichtspunkte außer acht lassen, kein wissenschaftlich verwertbares Forschungsmaterial darstellen. Es wird in solchen Arbeiten der gleiche Fehler gemacht, den z. B. ein Physiker begeht, wenn er seine Meßinstrumente nicht eicht.

Diese Arbeit soll einen Beweis für die Richtigkeit der oben dargestellten Methodik liefern, indem zunächst einige Punkte herausgegriffen werden, die der Messung bequem zugänglich sind, nämlich der Einfluß der Zementart, der Mörtelstruktur, der Vorlagerung, der Temperatur, Konzentration und Art der aggressiven Lösung und der Einfluß der Oberfläche und der Menge der Versuchskörper in den aggressiven Lösungen.

1. Der Einfluß der Zementart und der Art der aggressiven Lösung.

Um das Verhalten verschiedener Zemente ganz unbeeinflußt von irgendwelchen anderen Faktoren, z. B. dem Einfluß der Kornzusammensetzung der Zuschlagmaterialien untersuchen zu können, verwendeten wir für die folgenden Versuche zunächst reinen Zement. Zu diesem Zweck wurden die schon früher beschriebenen[1] kleinen Zementwürfelchen mit einer Kantenlänge von 3 cm hergestellt. Die Verwendung solch kleiner Würfelchen aus reinem Zement erwies sich nach unseren Versuchen als besonders geeignet, um das Verhalten verschiedener Zemente gegenüber aggressiven Lösungen chemisch zu untersuchen. Man hat dabei den Vorteil, daß man mit chemisch definierten Substanzen arbeiten und weiterhin die chemischen Umsetzungen im Zement und in den Lösungen auch quantitativ verfolgen kann. Ferner wird bei dieser Versuchsanordnung der Fehler vermieden, der durch die stets ungleiche Durchmischung des Zementmörtels bei der Normenverarbeitung verursacht wird. Sodann kann man an den kleinen Würfelchen Kristall-

---

[1] Probst, E., u. K. E. Dorsch: a. a. O.

ausblühungen am Zement mikroskopisch genauer beobachten, als dies bei Normenkörpern der Fall ist, und Mikrodünnschliffe herstellen, die ein genaues Bild von der Art der chemischen Zerstörungen durch chemische Angriffe liefern. Schließlich lassen sich an den Würfelchen Druckprüfungen vornehmen, die zu zuverlässigeren Resultaten führen als Zerreißprüfungen. Abb. 45 zeigt einige Würfelchen in natürlicher Größe nach der Druckprüfung.

Abb. 45. Zementwürfel mit 3 cm Kantenlänge nach der Druckprüfung.

Die Untersuchungen wurden mit sechs verschiedenen Zementen ausgeführt: mit gewöhnlichem und hochwertigem Portlandzement, Erzzement, Hochofenzement, Portlandjurament und mit Tonerdezement. Die chemischen Analysen der Zemente sind die folgenden:

Tabelle 6.

Substanz	Gew. Portl.-zement	Hochw. Portl.-zement	Erz-zement	Hoch-ofen-zement	Portland-jura-ment	Tonerde-zement
Unlösl. Rückstd.	0,82	0,45	—	—	21,20	0,23
Glühverlust . . .	1,96	1,17	1,35	1,98	3,46	1,20
SiO_2	21,22	20,90	20,95	27,86	15,20	7,15
Al_2O_3	6,57	6,38	1,57	13,87	11,85	38,98
Fe_2O_3	2,89	3,12	7,94	0,86	2,32	5,75
FeO	—	—	—	1,05	1,08	3,26
CaO	63,55	65,44	65,35	48,94	41,75	42,00
MgO	1,60	1,46	0,70	2,28	1,17	0,25
SO_3	1,72	1,75	1,73	1,79	2,05	0,15
TiO_2	—	—	—	—	—	1,16
MnO	—	—	—	1,47	—	—

Zunächst seien die Untersuchungen an den Würfeln aus reinem Zement beschrieben. Die Bedingungen für die Herstellung der Zementwürfel sind aus der Tabelle 7 ersichtlich.

Das Gewicht der Würfel betrug entsprechend dem verschiedenen spezifischen Gewicht durchschnittlich beim gewöhnlichen Portlandzement 50 g, beim hochwertigen Portlandzement 53 g, beim Erzzement 59 g, beim Hochofenzement 51 g und beim Tonerdezement 58 g. Die

Tabelle 7.

Bindemittel	Wasserzusatz in Gew.-%	Temperatur des Anmachwassers in Celsius	Temperatur des Normenraums in Celsius	Luftfeuchtigkeit des Normenraums	Dauer der Vorlagerung in Wasser in Tagen	Temperatur der aggress. Lösungen in Celsius
Gew. Portlandzement . .	27	18	18	50	6	18
Hochw. Portlandzement .	27	18	18	50	6	18
Erzzement	27	18	18	60	6	18
Hochofenzement	29	18	18	60	6	18
Tonerdezement	25	18	18	50	6	18

Oberfläche der Würfel war 54 qcm. Nach eintägiger Luft- und sechstägiger Wasserlagerung wurden je 2 Würfel in je 500 ccm der folgenden Lösungen eingelagert:

1. destilliertes Wasser,
2. 15%ige Ammoniumsulfatlösung,
3. 15%ige Natriumsulfatlösung,
4. 15%ige Magnesiumsulfatlösung,
5. gesättigte Kalziumsulfatlösung,
6. 15%ige Magnesiumchloridlösung.

Die Lösungen wurden nicht erneuert. Die Beobachtung der Versuchskörper erfolgte täglich.

Es ergab sich hierbei folgendes: Die Körper in destilliertem Wasser und gesättigter Kalziumsulfatlösung zeigten nach einer Lagerung von $1^1/_2$ Jahren keine Angriffe. Mit dem stereoskopischen Mikroskop konnten nur bei den in Kalziumsulfatlösung eingelagerten Körpern aus hochwertigem Portlandzement haarfeine Treibrisse beobachtet werden. Die in Ammonsulfatlösung, Natriumsulfatlösung und Magnesiumsulfatlösung eingelagerten Würfelchen zeigen den in Tabelle 8 dargestellten Zerstörungsbeginn.

Tabelle 8.

Lösung	Zerstörungsbeginn in Tagen				
	hochw. Portl.-Zement	gewöhnl. Portl.-Zement	Erzzement	Hochofenzement	Tonerdezement
$(NH_4)_2 \cdot SO_4$.	7	15	12	59	112
Na_2SO_4 . . .	63	97	227	nach 536 Tagen noch unversehrt	185
$MgSO_4$ . . .	97	210	77	362	nach 536 Tagen noch unversehrt
$CaSO_4$ . . .	500	nach 536 Tagen noch unversehrt			
$MgCl_2$ dest. H_2O . .	nach 536 Tagen noch unversehrt				

Es zeigt sich also, daß die Widerstandsfähigkeit der untersuchten Zemente gegenüber Ammonsulfatlösung in folgender Reihe zunimmt: hochwertiger Portlandzement, Erzzement und gewöhnlicher Portlandzement, Hochofenzement, Tonerdezement; gegenüber Natriumsulfatlösung in folgender Reihe: hochwertiger Portlandzement, gewöhnlicher

Abb. 46. Zementwürfel aus gewöhnlichem Portlandzement (links), hochwertigem Portlandzement (Mitte) und Tonerdezement (rechts) nach 20tägiger Lagerung in 15%iger Ammonsulfatlösung.

Portlandzement, Tonerdezement, Erzzement, Hochofenzement; und gegenüber Magnesiumsulfatlösung in folgender Reihe: hochwertiger Portlandzement, Erzzement, gewöhnlicher Portlandzement, Hochofenzement, Tonerdezement.

Bevor wir auf die Deutung dieser Tatsachen näher eingehen, sei kurz der Zerstörungsvorgang in den einzelnen Lösungen wiedergegeben.

Abb. 47. Zementwürfel aus gewöhnlichem Portlandzement (links), hochwertigem Portlandzement (Mitte) und Tonerdezement (rechts) nach 60tägiger Lagerung in 15%iger Ammonsulfatlösung.

Der Zerstörungsvorgang in den Ammonsulfatlösungen war der folgende:

Hochwertiger Portlandzement: Nach 5 Tagen findet Kristallbildung an den Körpern statt. Die mikroskopische und chemische Untersuchung der Kristalle ergab Kalziumsulfat. Nach 7 Tagen beginnen die Zerstörungen an den Ecken und Kanten. Nach 20 Tagen ergibt sich das in Abb. 46 (Mitte) dargestellte Zerstörungsbild, nach 60 Tagen das in Abb. 47 (Mitte) gezeigte. Nach 125 Tagen sind die Körper völlig zerfallen und bedecken teils pulverförmig, teils in größeren Brocken den Boden des Gefäßes.

Gewöhnlicher Portlandzement: Beim gewöhnlichen Portlandzement treten die ersten Zerstörungen an den Ecken und Kanten erst nach 15 Tagen auf. Die Zerstörungen schreiten dann rasch vorwärts, so daß die Körper nach 20 Tagen das in Abb. 46 (links) dargestellte Zerstörungsbild zeigen. Nach 60 Tagen haben die Körper nahezu das gleiche Aussehen wie die aus hochwertigem Portlandzement (Abb. 47, links). Nach 125 Tagen sind auch die Körper aus gewöhnlichem Portlandzement völlig zerfallen.

Tonerdezement: Im Gegensatz hierzu beginnen die Zerstörungen am Tonerdezement erst sehr spät. Nach 1½ Monaten treten zwar zahlreiche Gipskristalle an der Oberfläche der Tonerdezementwürfel auf (Abb. 47, rechts), zur Bildung von feinen Treibrissen an den Kanten kommt es jedoch erst nach 112 Tagen. Die Zerstörungen schreiten beim

Abb. 48. Zementwürfel aus Erzzement (links) und Hochofenzement (rechts) nach 20 tägiger Lagerung in 15 %iger Ammonsulfatlösung.

Tonerdezement nur sehr langsam vorwärts, so daß er nach 536 Tagen das gleiche Zerstörungsbild aufweist wie der gewöhnliche Portlandzement nach 20 Tagen (Abb. 46, links).

Erzzement: Der Erzzement zeigt in Ammonsulfatlösung nahezu das gleiche Zerstörungsbild wie der gewöhnliche Portlandzement. Die Zerstörungen an den Ecken und Kanten beginnen bei ihm nach 12 Tagen, schreiten dann sehr rasch vorwärts und ergeben nach 20 Tagen den in Abb. 48 (links) gezeigten Zustand. Nach 60 Tagen sind die Erzzementkörper genau so stark zerstört wie die Körper aus gewöhnlichem Portlandzement (Abb. 49, links und Abb. 47, links). Nach 90 Tagen sind die Zerstörungen äußerst stark fortgeschritten, und nach 125 Tagen sind die Körper völlig zerfallen.

Hochofenzement: Beim Hochofenzement treten erst nach 59 Tagen Zerstörungserscheinungen ein. Einer der Körper zeigt einen feinen Treibriß. Nach 70 Tagen sind an beiden Körpern zahlreiche Risse, die sich nach 90 tägiger Lagerung zu der in Abb. 50 gezeigten Größe entwickelt haben. Nach einem Jahre sind die Körper völlig zerstört. Die Zerstörungen sind jedoch anders als beim Erzzement und den Portlandzementen. Die Körper aus Hochofenzement sind in gröberen Klumpen auseinander gesprengt (Abb. 50), während die Portlandzement- und Erzzementkörper schlammig zerfallen.

Die Kristallausblühungen, die an den Körpern beobachtet wurden, bestehen in der Hauptsache aus Kalziumsulfat, wie dies die Abb. 51 und

Abb. 49. Zementwürfel aus Erzzement (links) und Hochofenzement (rechts) nach 60 tägiger Lagerung in 15%iger Ammonsulfatlösung.

52 deutlich zeigen. Auf den Zerstörungsmechanismus sei hier zunächst noch nicht eingegangen.

Die Zerstörungen der Zementkörper in den **Natriumsulfatlösungen** geschehen innerhalb folgender Zeiten:

Hochwertiger Portlandzement: Die Zerstörungen geschehen erheblich langsamer als in Ammonsulfatlösung. Die ersten Treibrisse werden

Abb. 50. Zementwürfel aus Erzzement (links) und Hochofenzement (rechts) nach 90 tägiger Lagerung in 15%iger Ammonsulfatlösung.

nach 63 Tagen beobachtet. Nach rund 1½ Jahren (genau 536 Tagen) zeigen die Körper aus hochwertigem Portlandzement das in Abb. 53 (Mitte) gezeigte Aussehen. Die Ecken und Kanten der Körper sind aufgetrieben, die Oberfläche der Körper ist aufgeweicht.

Gewöhnlicher Portlandzement: Etwas widerstandsfähiger sind die Körper aus gewöhnlichem Portlandzement, bei denen die ersten Zerstörungserscheinungen nach 97 Tagen auftreten, und wo die Zerstörungen nach 536 Tagen zu dem in Abb. 53 (links) gezeigten Aussehen führen.

Tonerdezement: Der Tonerdezement zeigte sich in den Natriumsulfatlösungen weniger widerstandsfähig als in den übrigen Sulfatsalz-

Abb. 51. Kristallausblühungen von Kalziumsulfat an Zementkörpern, die in 15%iger Ammonsulfatlösung lagerten.

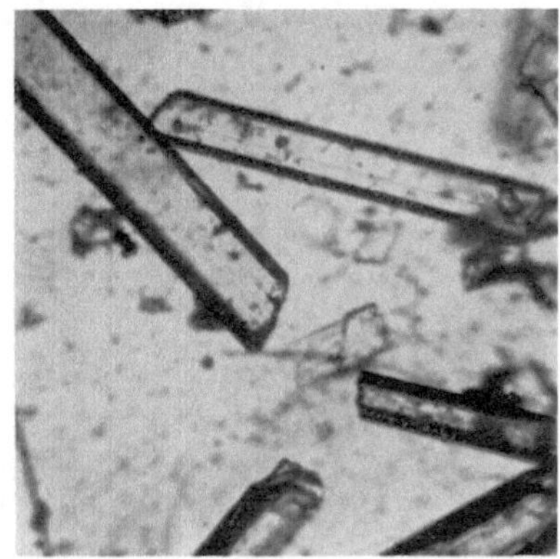

Abb. 52. Kalziumsulfatkristalle von Zementkörpern, die in 15%iger Ammonsulfatlösung lagerten.

lösungen. Hier treten nach 185 Tagen feine Risse und Abblätterungen an der Oberfläche auf. Nach 536 Tagen sind die Ecken und Kanten der Körper aufgetrieben, und die Oberflächen lassen sich abblättern (Abb. 53, rechts). Unter der abgeblätterten Oberfläche ist der Tonerdezement zu diesem Zeitpunkt noch unversehrt.

Abb. 53. Zementwürfel aus gewöhnlichem Portlandzement (links), hochwertigem Portlandzement (Mitte) und Tonerdezement (rechts) nach 536tägiger Lagerung in 15%iger Natriumsulfatlösung.

Erzzement: Beim Erzzement ist eine erheblich größere Widerstandsfähigkeit gegen Natriumsulfatlösungen als bei den Portlandzementen zu beobachten. Die ersten Treibrisse längs einiger Kanten treten beim Erzzement erst nach 227 Tagen auf. Nach 536 Tagen sind die Treiberscheinungen allerdings so weit fortgeschritten, daß das Aussehen der

Erzzementkörper (Abb. 54, links) dem der Portlandzementkörper (Abb. 54, links) ungefähr gleichkommt. Der Hochofenzement zeigt nach 536 Tagen noch keine äußerlich sichtbaren Zerstörungen.

Das Verhalten der verschiedenen Zemente in 15%iger Magnesiumsulfatlösung:

Hochwertiger Portlandzement: Beim hochwertigen Portlandzement treten in 15%iger Magnesiumsulfatlösung nach 97 Tagen Treibrisse auf,

Abb. 54. Zementwürfel aus Erzzement (links) und Hochofenzement (rechts) nach 536tägiger Lagerung in 15%iger Natriumsulfatlösung.

die sich schnell vergrößern. Nach einem Jahr sind sämtliche Ecken und Kanten aufgetrieben, und die Zerstörungen wesentlich weiter vorangeschritten als in den Natriumsulfatlösungen. Abb. 55 (Mitte) zeigt den Zerstörungszustand der Körper nach 536 Tagen (vgl. hierzu das Zerstörungsbild in Natriumsulfatlösung Abb. 53).

Abb. 55. Zementwürfel aus gewöhnlichem Portlandzement (links), hochwertigem Portlandzement (Mitte) und Tonerdezement (rechts) nach 536tägiger Lagerung in 15%iger Magnesiumsulfatlösung.

Gewöhnlicher Portlandzement: Sehr deutlich vom hochwertigen Portlandzement unterscheidet sich der gewöhnliche Portlandzement, bei dem erst nach 210 Tagen Angriffe äußerlich in Erscheinung treten. Die Zerstörungen schreiten schneller voran als in den Natriumsulfatlösungen. Nach 536 Tagen hat der gewöhnliche Portlandzement das Aussehen von Abb. 55 (links).

Tonerdezement: Im Gegensatz zu den Portlandzementen ist der Tonerdezement selbst nach 536 Tagen noch völlig unversehrt. Auf der

Oberfläche der Tonerdezementkörper befinden sich Ausblühungen, die durch die chemische Analyse als Magnesiumhydroxyd erkannt wurden.

Erzzement: Beim Erzzement treten in den Magnesiumsulfatlösungen schon nach 77 Tagen feine lange Kantenrisse auf, die sich schnell verbreitern. Hier schreiten die Zerstörungen unverhältnismäßig viel stärker voran als in den Natriumsulfatlösungen. Nach einem Jahr klaffen sämtliche Ecken und Kanten stark auf, und die Zerstörungen sind ähnlich wie beim hochwertigen Portlandzement. Nach 536 Tagen ergibt sich das Aussehen von Abb. 56 (links). Welche Konsequenzen sich hieraus ergeben, sei weiter unten besprochen.

Hochofenzement: Hochofenzement erweist sich als erheblich widerstandsfähiger als die Portlandzemente. Erst nach 362 Tagen wurden beim Hochofenzement feine Treibrisse längs der Kanten beobachtet. Die Zerstörungen schreiten sehr langsam voran. Nach 536 Tagen haben die Körper das in Abb. 56 (rechts) gezeigte Aussehen.

Abb. 56. Zementwürfel aus Erzzement (links) und Hochofenzement (rechts) nach 536 tägiger Lagerung in 15% iger Magnesiumsulfatlösung.

Zum Schluß sei noch kurz auf die Angriffe in den Magnesiumchloridlösungen eingegangen, deren Wirkungen aus Abb. 57 und 58 ersichtlich sind. Schon nach 30 Tagen sind die Körper aus hochwertigem Portlandzement mit einer dicken Schicht von Magnesiumhydroxyd überzogen, die nach 536 Tagen das in Abb. 57 (Mitte) gezeigte Ausmaß angenommen hat. Beim gewöhnlichen Portlandzement entstehen diese käsig-weißen Ausblühungen erst nach 50 Tagen, und die weitere Entwicklung dieses Angriffs geht erheblich langsamer voran (Abb. 57 links, nach 536 Tagen). Beim Erzzement kommt seine relativ geringe Beständigkeit gegenüber Magnesiumsalzlösungen (siehe Magnesiumsulfat Abb. 56, links) dadurch zum Ausdruck, daß schon nach 10 Tagen eine dicke weiße Schicht von Magnesiumhydroxyd die Körper bedeckt. Nach Beseitigung der Ausblühungen zeigen sich an der Oberfläche des Zements Risse und Aushöhlungen. Das Aussehen der Körper nach 536 Tagen zeigt Abb. 58 (links). Die Tonerdezement- (Abb. 57, rechts) und Hochofenzementkörper (Abb. 58, rechts) zeigen keine Angriffe. Die Hochofenzementkörper sind mit einer hauchdünnen, gleichmäßigen Schicht von Magnesiumhydroxyd überzogen.

Diese Messungen, bei denen Einflüsse wie die der Kornzusammensetzung oder der Temperatur usw. eliminiert wurden, gestatten nunmehr eine einwandfreie Beurteilung der untersuchten Zemente. Es zeigte sich,

Abb. 57. Zementwürfel aus gewöhnlichem Portlandzement (links), hochwertigem Portlandzement (Mitte) und Tonerdezement (rechts) nach 536tägiger Lagerung in 15%iger Magnesiumchloridlösung.

daß die Widerstandsfähigkeit der verschiedenen Zemente gegenüber aggressiven Salzlösungen in folgender Reihenfolge zunimmt: Hochwertiger Portlandzement, gewöhnlicher Portlandzement, Hochofenzement, Tonerdezement. Der Erzzement verhält sich in den einzelnen Lösungen verschieden. In Natriumsulfatlösung ist seine Widerstands-

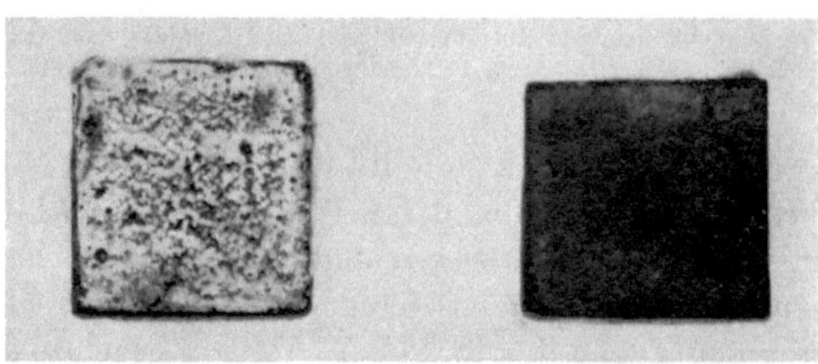

Abb. 58. Zementwürfel aus Erzzement (links) und Hochofenzement (rechts) nach 536tägiger Lagerung in 15%iger Magnesiumchloridlösung.

fähigkeit größer als die von gewöhnlichem Portlandzement, so daß er zwischen gewöhnlichem Portlandzement und Hochofenzement eingeordnet werden muß. In sämtlichen Magnesiumsalzlösungen ist seine Widerstandsfähigkeit kleiner als die von gewöhnlichem Portlandzement, so daß er zwischen hochwertigem Portlandzement und gewöhnlichem Portlandzement einzureihen ist.

Das in diesem Falle ungünstige Verhalten des Erzzements in Magnesiumsalzlösungen hängt wahrscheinlich mit dem relativ hohen Kalk-

gehalt des hier untersuchten Zements zusammen. Der Kühlsche Kalksättigungsgrad ist bei dem untersuchten Erzzement höher als bei dem
Portlandzement. Bei gleichem Kalksättigungsgrad wie Portlandzement
dürfte der Erzzement in Magnesiumsalzlösungen dieselbe Widerstandsfähigkeit besitzen wie gewöhnlicher Portlandzement. — In Natriumsulfatlösung ist der Tonerdezement weniger beständig als der Hochofenzement, in allen übrigen untersuchten Salzlösungen ist er der widerstandsfähigste Zement.

Wie ist das verschiedenartige Verhalten der einzelnen Zementarten
gegenüber dem Angriff von Salzlösungen zu erklären? Es war oben gezeigt worden, daß die Hydratation — das Abbinden und Erhärten — der
Zemente in der Weise vor sich geht, daß die Kalziumsilikate sich unter
Abspaltung von CaO zu kalkärmeren Kalziumhydrosilikaten hydratisieren. Der Angriff der Salzlösungen geschieht nun in der Weise, daß
die Ionen der Säuren oder Salzlösungen durch die feinen Poren des
Zements zu den Stellen vordringen, an denen sich das beim Abbinden
und Erhärten gebildete freie Kalkhydrat vorfindet. Beim Zusammentreffen reagiert das Kalkhydrat mit den Säure- oder Salzionen unter
Bildung von Salzen, z. B. nach folgenden Reaktionsgleichungen:

1. $\quad Ca(OH)_2 + H_2SO_4 \quad\quad = CaSO_4 + 2\,H_2O\,.$
2. $\quad Ca(OH)_2 + (NH_4)_2SO_4 = CaSO_4 + 2\,(NH_4)OH,$
3. $\quad Ca(OH)_2 + Na_2SO_4 \quad\quad = CaSO_4 + 2\,NaOH,$
4. $\quad Ca(OH)_2 + MgSO_4 \quad\quad = CaSO_4 + Mg(OH)_2\,,$
5. $\quad Ca(OH)_2 + MgCl_2 \quad\quad\; = CaCl_2 \;\; + Mg(OH)_2\,.$

Aus diesen Beziehungen ist ersichtlich, daß die Anwesenheit von
SO_4-Ionen in einer den Zement umgebenden Flüssigkeit immer mit der
Bildung von $CaSO_4$ verbunden ist. Das bei diesen Reaktionen entstandene $CaSO_4$ wird von der Flüssigkeit aus dem Zement herausgelöst
und damit die schließliche Zerstörung des Zementgefüges herbeigeführt.
Es konnte schon in einer früheren Arbeit[1] gezeigt werden, daß mit
diesen Reaktionsgleichungen alle in den Lösungen und an den Zementkörpern beobachteten Erscheinungen gedeutet werden können. So bildet
sich kurze Zeit nach dem Einlagern von Zementkörpern in Ammonsulfatlösungen Ammoniak, das am Geruch zu erkennen ist. Die Möglichkeit des Entweichens von Ammoniak bildet die Ursache für die ungeheuer
starke Aggressivität der Ammoniumsulfatlösungen (siehe Reaktionsschema Abb. 6 der zitierten Arbeit). So tritt ferner in den Magnesiumsulfatlösungen und Magnesiumchloridlösungen ein weißer Niederschlag
von $Mg(OH)_2$ auf, der sich bei den in diese Lösungen eingelagerten
Körpern in Form von weißen Ausblühungen zu erkennen gibt (siehe
Abb. 55 bis 58).

---

[1] Probst, E., u. K. E. Dorsch: Zement **1929** Nr 10/11.

Bei der Einwirkung von Natriumsulfat auf Zement entsteht neben $CaSO_4$ Natronlauge [siehe Gleichung (3)], und das Entstehen dieser Lauge liefert eine Erklärung für das verschiedenartige Verhalten der verschiedenen Zemente gegenüber den Natriumsulfatlösungen. Es war gezeigt worden, daß der Erzzement größere Widerstandsfähigkeit gegen den Angriff von Natriumsulfatlösungen besitzt als Portlandzement, und daß ferner der Tonerdezement in Natriumsulfatlösungen weit weniger widerstandsfähig ist als in anderen Sulfatsalzlösungen. Dieses verschiedene Verhalten ist auf den verschiedenen Gehalt dieser Zemente an Kalziumaluminaten und auf die Einwirkung des nach Gleichung 3 entstehenden Natriumhydroxyds auf die Aluminate zurückzuführen. Beim Portlandzement beträgt der Gehalt an Al_2O_3 ca. 6 bis 7%, beim Erzzement hingegen nur 1 bis 2%. Das bei der Einwirkung des Natriumsulfats auf freies Kalkhydrat gebildete Natriumhydroxyd greift das Kalziumaluminat dieser Zemente an und bildet lösliches und leicht durch Sulfat zerstörbares Natriumaluminat beispielshalber nach der Gleichung:

$$3\,CaO \cdot Al_2O_3 + 6\,Na(OH) = 3\,Na_2O \cdot Al_2O_3 + 3\,Ca(OH)_2$$

bzw.:

$$CaO \cdot Al_2O_3 + 6\,Na(OH) = 3\,Na_2O \cdot Al_2O_3 + Ca(OH)_2 + 2\,H_2O *.$$

Diese Reaktion kann beim Erzzement nur in viel geringerem Maße eintreten als beim Portlandzement. Die gleiche Umsetzung findet auch beim Tonerdezement statt, der in der Hauptsache aus Kalziumaluminaten besteht. Allerdings ist es notwendig, daß zunächst die erste Reaktion [Gleichung (3)] vor sich geht, d. h. daß zunächst Na(OH) gebildet wird.

Das Auftreten des Kalziumsulfats in Form großer ausgebildeter Kristalle haben wir bei allen untersuchten Zementkörpern beobachten können. Bei allen unseren Untersuchungen mußten wir feststellen, daß die Bildung des bekannten Doppelsalzes Kalzium-Aluminiumsulfat zunächst völlig gegenüber der Bildung von Kalziumsulfat zurücktritt. Unter vielen Tausenden von Kalziumsulfatkristallen befinden sich nur einige wenige Kalzium-Aluminiumsulfatkristalle. Es ist uns gelungen, eine besonders schöne mikrophotographische Aufnahme dieses Doppelsalzes zu machen, bei der auch das Längen- und Raumverhältnis zu dem Kalziumsulfat deutlich zum Ausdruck kommt (Abb. 59).

Das schwache Auftreten des Kalzium-Aluminiumsulfats soll nach einer neueren Arbeit von Guttmann und Gille[1] teilweise dadurch zu erklären sein, daß die Konzentrationen der Salzlösungen bei den wissen-

---

* In gleicher Weise setzen sich die ternären, zeolithartigen Kalk-Tonerde-Kieselsäureverbindungen der Portlandzemente und Tonerdezemente um. Es bilden sich dabei durch Kalkaustausch Natriumzeolithe von geringer Festigkeit und großer Wasserlöslichkeit.

[1] Guttmann u. Gille: Tonind.-Zg. **46**, 759 (1930).

schaftlichen Untersuchungen für eine günstige Bildung des Kalzium-Aluminiumsulfats meist zu hoch sind. Dies mag durchaus zutreffen. Die Zerstörung der Zementmörtelkörper durch das Kalzium-Aluminiumsulfat ist jedoch nach meinen Beobachtungen ein Vorgang sekundärer Natur. Primär tritt eine Zerstörung dadurch ein, daß das freie Kalkhydrat zu Gips umgewandelt wird. Gegen die Annahme des zerstörenden Einflusses des Kalzium-Aluminiumsulfats spricht die Tatsache, daß ich beim Tonerdezement, bei dem infolge seines hohen Prozentgehaltes an Tonerde die günstigsten Bedingungen für das Entstehen des Doppelsalzes gegeben sind, nur Gipskristalle und gar keine Doppelsalzkristalle finden und überhaupt nur geringe Zerstörungen durch Sulfate beobachten konnte. Für die Beantwortung der Frage, welche der beiden Verbindungen an der Zerstörung des Zements in der Hauptsache beteiligt ist, konnte uns weiter ein Zement dienen, der eigens dazu geschaffen wurde, die Bildung von Kalzium - Aluminiumsulfat infolge des nur ganz geringen Gehalts an Tonerde auf nahezu Null herabzusetzen, um so jede Zerstörung durch Sulfate zu verhindern. Aus diesem Grunde wurde der Erzzement zu unseren weiteren Untersuchungen hinzugezogen. Aber auch beim Erz-

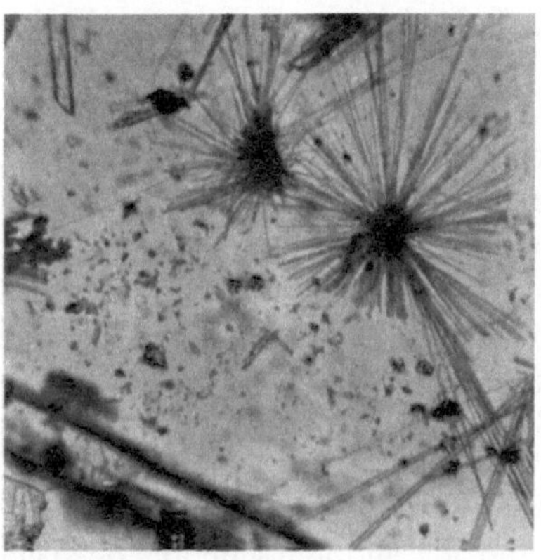

Abb. 59. Die haarförmigen Kristalle sind Kalziumsulfoaluminat, die dicken Kristalle sind Kalziumsulfat.

zement treten, wie oben gezeigt wurde, starke Sulfatzerstörungen ein.

Die Korrosion der Zemente ist an das Vorhandensein von freiem Kalkhydrat gebunden. Je geringer die Menge des beim Abbinden und Erhärten entstehenden freien Kalkhydrats im Zement ist, um so größer ist seine Widerstandsfähigkeit gegenüber dem Angriff von Salzlösungen. Die Menge des beim Abbinden entstehenden $Ca(OH)_2$ ist auch bestimmend für die Größe der spezifischen Leitfähigkeit. Es war weiter oben gezeigt worden, daß die spezifische Leitfähigkeit in gleichem Maße abnimmt, wie die Widerstandsfähigkeit der Zemente gegen chemische Angriffe zunimmt, und zwar in folgender Reihe: hochwertiger Portlandzement, gewöhnlicher Portlandzement, Hochofenzement, Tonerdezement. Die Messung der elektrischen Leitfähigkeit abbindender Zemente liefert somit eine Bestätigung für die oben entwickelte Theorie des Zerstörungsvorganges. Für die Praxis ergibt sich aus den Versuchen über die Abhängigkeit der Zementart vom Zerstörungsgrad folgendes: Die Widerstandsfähigkeit aller Zemente gegenüber chemischen Angriffen ist verschieden. Man hat also dort, wo chemische Angriffe zu erwarten sind, widerstandsfähigere Zemente zu verwenden. Das ist der Fall bei Bauten im Meerwasser, in Flüssen und Seen und bei bestimmten industriellen Anlagen. Weiterhin sind die zu verwendenden Zemente so zu wählen, daß sie je nach der Art der aggressiven Lösungen die relativ größtmögliche Widerstandsfähigkeit besitzen.

Zu den hier dargestellten Untersuchungen über die Widerstandsfähigkeit der Zemente ist ferner zu sagen, daß die Widerstandsfähigkeit der Portlandzemente und Hochofenzemente untereinander sehr verschieden ist. Es gibt somit Portlandzemente, deren Widerstandsfähigkeit ebenso groß ist wie die von manchen Hochofenzementen. So konnte beispielshalber von mir beobachtet werden, daß sich Portlandzemente, die in verschiedenen Gegenden von Deutschland gebrannt wurden, ganz verschieden gegenüber aggressiven Lösungen verhielten, ohne daß erhebliche Unterschiede im Kalkgehalt vorlagen. Hier zeigt sich der ungeheure Einfluß des Rohmaterials und der Art des Brandes auf die Widerstandsfähigkeit der Zemente. Diese Verschiedenartigkeit der Zemente kommt auch in der Abhängigkeit der Druck- und Zugfestigkeit vom Wasserzementfaktor bei Zementen aus verschiedenen Gegenden (z. B. Unterschied zwischen norddeutschen und süddeutschen Portlandzementen) zum Ausdruck. Der Verfasser fand z. B. bei umfangreichen Untersuchungen über den Wasserzementfaktor an Mörteln[1], daß zahlreiche norddeutsche Portlandzemente weit weniger „wasserempfindlich" sind als süddeutsche aus der rheinischen Tiefebene. Ferner konnte von mir festgestellt werden, daß Hochofenzemente nur geringe Widerstandsfähigkeit besaßen, wenn zur Herstellung der Hochofenzemente Portlandzemente mit geringer Widerstandsfähigkeit verwendet wurden.

Einfluß der Kohlensäure auf Zement. Bekanntlich lösen Säuren Zemente auf. Auch die Kohlensäure macht hiervon keine Ausnahme. Diese Art der Zerstörung ist in der Natur außerordentlich verbreitet. Sie ist überall da zu erwarten, wo kohlensäurehaltige Wässer auf Mörtel und Beton treffen. Diese Erscheinungen sind schon seit langem bekannt und in zahlreichen Arbeiten untersucht worden. Bei der Überprüfung dieser Arbeiten findet man wieder, daß auch hier mit undefinierten Substanzen, sowohl in Hinsicht auf den Zement als auch auf die Art und Konzentration der aggressiven Lösungen, gearbeitet worden ist[2-20].

---

[1] Dorsch, K. E.: Der Einfluß des Wasserzementfaktors auf die Korrosion der Zemente. Zement Dez. (1931).

[2] Stützer, A.: Beobachtungen über die Wirkung von Wasser auf Zement. Ref. Tonind.-Zg. **1896**, 398.

[3] Schiffner: Über Einwirkung von Kohlensäure auf Portlandzement. Protokoll **1897**, 136ff.

[4] Schiffner: Protokoll **1890**, 142ff.   [5] Schiffner: Protokoll **1899**, 121ff.

[6] Schiffner: Protokoll **1900**, 177ff.   [7] Schiffner: Protokoll **1901**, 108ff.

Es ergab sich mithin für uns die Aufgabe, die Zerstörung des Zements durch Kohlensäure quantitativ zu erfassen. Hierbei mußte aus zwei Gründen von Versuchen in natürlichen Wässern abgesehen werden: einmal weil die Konzentration und Zusammensetzung dieser sich ununterbrochen verändert und somit gar nicht quantitativ einwandfrei erfaßbar ist und zweitens, weil viele natürliche Wässer Eisenoxydhydrat enthalten, das in völlig unkontrollierbarer Weise auf dem Beton abgeschieden wird und dort eine Art Schutzschicht bildet. Es sind dies die Erfahrungen, die wir machten, als wir Mörtelkörper von verschiedenen Zementen in kohlensäurehaltigem Schwarzwaldquellwasser einlagerten. Sämtliche Mörtelkörper hatten schon nach kurzer Zeit einen dicken, teilweise gallertartigen Überzug von Eisenoxydhydraten, so daß das aggressive Wasser überhaupt nicht mehr bis zum Mörtel vordringen konnte. Dazu kam, daß die Analyse des Quellwassers zu verschiedenen Zeiten völlig verschiedene Werte ergab. Wir gingen daher dazu über, die Untersuchungen über die Aggressivität der Kohlensäure im Laboratorium mit reinen Substanzen auszuführen.

Zu diesem Zweck wurden Würfelchen aus reinem Portlandzement mit 28% Anmachwasser bei einer Temperatur von 16^0 C hergestellt. Die Analyse des Portlandzements war:

Glühverlust	1,35%	Al_2O_3	5,82%
Unlösliches	0,59%	Fe_2O_3	3,61%
SiO_2	20,24%	MgO	1,25%
CaO	65,44%	SO_3	1,70%

Etwas später wurden die Versuche durch Verwendung von Hochofenzement und Tonerdezement ergänzt. Hinsichtlich der Zerstörbarkeit durch Kohlensäure gilt für diese Zemente ungefähr das Gleiche wie für Portlandzement. Nach 1tägiger Luft- und 6tägiger Wasserlagerung

---

[8] Gary, M.: Über Einwirkung von Kohlensäure auf Portlandzement. Protokoll **1902**, 138ff.

[9] Ehlert, H.: Schädliche Wirkung der Kohlensäure. Ref.Tonind.-Zg. **1898**,1038.

[10] Kosmann: Kohlensäure zerstört Beton. Tonind.-Zg. **1908**, 1031.

[11] Scheelhase: Angriff der Kohlensäure bei Betonbehältern. Tonind.-Zg. **1908**, 1546.

[12] Schumann: Portlandzement und Traßmörtel. Protokoll **1909**, 231.

[13] Scheelhase: Über die kohlensauren Kalk angreifende Kohlensäure der natürlichen Wässer. Ref. Tonind.-Zg. **1913**, 1732.

[14] Scheelhase: Ref. Tonind.-Zg. **1912**, 120.

[15] Rodt: Bewertung und Bestimmung der freien Kohlensäure im Wasser. Zement **1920**, 134.

[16] Grün, R.: Der Beton. Berlin 1926.

[17] Kleinlogel: Einflüsse auf Beton. Berlin 1925.

[18] Biehl: Zement **1928**, 1102.

[19] Grün, R.: Lösungserscheinungen an Beton. Bauing. **1930**, 451.

[20] Tremper, B.: Die Einwirkung von sauren Wässern auf Beton. J. amer. Coner. Instit., Detroit **3**, Nr 1 (1931).

wurden je 2 Würfelchen in je 500 ccm folgender Lösungen eingelagert: 1. Leitungswasser, 2. destilliertes Wasser, 3. kohlensäurehaltiges Wasser.

Das kohlensäurehaltige Wasser wurde so erzeugt, daß ununterbrochen Kohlendioxyd in das Wasser, in dem sich die Versuchskörper befanden, eingeleitet wurde. Die Lösungen waren also stets mit Kohlensäure gesättigt. Nach jeder Woche wurden die Flüssigkeiten erneuert. Vor der Erneuerung der Lösung wurde diese jedesmal analysiert. Die Körper zeigten in den einzelnen Lösungen äußerlich beträchtliche Unterschiede. Es traten schon nach kurzer Zeit folgende Erscheinungen auf:

1. Im Leitungswasser: Die Körper überziehen sich äußerst langsam mit einer sehr feinen weißen Schicht. Die chemische Analyse dieser Schicht ergab Kalziumkarbonat. Nach 500 Tagen hat sich das Bild dieser Körper nicht verändert (siehe Abb. 60 [links] aufgenommen nach 4 Wochen).

Abb. 60. Zementwürfel aus gewöhnlichem Portlandzement nach einer Lagerung von 4 Wochen in Leitungswasser (links), destilliertem Wasser (Mitte) und kohlensäurehaltigem Wasser (rechts).

2. Im destillierten Wasser: Die Körper überziehen sich schon nach 2 Wochen mit einer Schicht von Kalziumkarbonat, die allmählich immer stärker wird. Schon nach 4 Wochen ist äußerlich ein deutlicher Unterschied zwischen den in Leitungswasser und den in destilliertem Wasser gelagerten Körpern hinsichtlich der Stärke dieser Deckschicht festzustellen (Abb. 60 [rechts], aufgenommen nach 4 Wochen). Nach 500 Tagen besitzt die Deckschicht eine Stärke von einem halben Millimeter. Dort, wo ein Abblättern der Schicht eingetreten ist, hat sich eine zweite Schicht gebildet.

3. Im kohlensäurehaltigen Wasser: Die Körper zeigen schon nach 2 Tagen einen weißen Überzug von Kalziumkarbonat, der nach einer Woche sich zu einer Dicke von ¼ mm verstärkt hat. Danach tritt Zerfall der Schicht ein. Nach Verlauf von 4 Wochen ist die Schicht fast weggelöst (siehe Abb. 60, rechts), nach 8 Wochen völlig geschwunden. Die Körper haben nunmehr ein sehr dunkel gefärbtes Äußere. Nach 500 Tagen ist die dunkelolivgrüne Oberfläche der Körper zermürbt und läßt sich ohne Schwierigkeit mit einem Spatel bis zu einer Tiefe von 2 mm abtragen. Dahinter sind die Körper wieder fest. Die mechanisch entfernte Oberfläche wurde chemisch untersucht.

Die chemische Analyse der drei verschiedenen Lösungen ergab die in Tabelle 9 zusammengestellten Werte. Es wurde die Menge gelösten Kalks in Abhängigkeit von der Zeit bestimmt. Hierbei zeigte sich, daß die CaO-Werte für Leitungswasser von der zweiten Woche an bis zu 500 Tagen nahezu konstant 0,0835 g CaO/100 ccm H_2O betragen. In der ersten Lagerungswoche ist der Wert etwas höher (0,0910 g CaO pro 100 ccm H_2O). Der Wert von 0,0835 g CaO/100 ccm H_2O entspricht völlig dem Kalkgehalt des verwendeten Leitungswassers, so daß aus den Zementkörpern CaO nicht oder nur wenig in Lösung geht. Vielmehr hat sich auf den Körpern durch die Einwirkung der Kohlensäure des Wassers eine Schutzschicht von Kalziumkarbonat gebildet, die eine weitere Lösung von CaO im Wasser verhindert.

Die Analysen des destillierten Wassers ergaben nach der ersten Woche 0,068 g CaO/100 ccm H_2O. In der ersten Zeit wird durch das destillierte Wasser laufend eine größere Menge Kalk aus dem Zement herausgelöst. Infolge der im Wasser vorhandenen Kohlensäure bildet sich gleichfalls eine Schutzschicht von Kalziumkarbonat. Die Menge an gelöstem Kalk geht infolgedessen beständig herunter und erreicht nach 70 Wochen einen Wert von 0,0020 g CaO pro 100 ccm H_2O.

Bei der Analyse des kohlensäurehaltigen Wassers zeigten sich wesentlich höhere Werte. Schon in der ersten Woche bildete sich eine Schutzschicht aus, die teilweise durch die Kohlensäure wieder gelöst wird, sich

Tabelle 9.

Gelöste Menge CaO in 100 ccm Wasser

nach Wochen	destilliertes Wasser	kohlensäurehaltiges Wasser	Leitungswasser
1	0,068	0,109	0,0910
2	0,032	0,167	0,0875
3	0,022	0,175	0,0825
4	0,020	0,180	0,0835
5	0,020	0,185	
6	0,019	0,190	
7	0,019	0,210	
8	0,018	0,215	
9	0,017	0,220	
10	0,017	0,232	
11	0,016	0,240	
12	0,016	0,250	
13	0,014	0,250	
14	0,013	0,260	
15	0,012	0,235	
16	0,012	0,222	
17	0,011	0,214	
18	0,010	0,200	
19	0,0095	0,197	
20	0,0095	0,184	
21	0,0090	0,180	
22	0,0080	0,175	
23	0,0080	0,170	
24	0,0070	0,165	
25	0,0060	0,160	
26	0,0060	0,155	
27	0,0050	0,160	
28	0,0045	0,160	
29	0,0045	0,152	
30	0,0040	0,160	
31	0,0040	0,163	
32	0,0035	0,147	
33	0,0035	0,135	
34	0,0035	0,168	
35	0,0030	0,184	
36	0,0030	0,152	
70	0,0020	0,148	0,0802

aber beständig weiter neu bildet. In der ersten Woche lösen sich 0,109 g CaO in 100 ccm H_2O. In den ersten 14 Wochen steigt die gelöste Menge CaO ununterbrochen an und erreicht in der 14. Woche einen Wert von 0,260 g CaO/100 ccm H_2O. Dabei ist die Schutzschicht völlig aufgelöst, und aus dem Zement bis zu einer Tiefe von 1,5 mm ist alles beim Abbinden gebildete $Ca(OH)_2$ herausgelöst worden. Nach 14 Wochen sinkt infolge des Mangels an freiem CaO in den von der Lösung getroffenen Teilen des Zements die gelöste Menge CaO, bis sie nach 70 Wochen einen Wert von ca. 0,150 g CaO/100 ccm H_2O erreicht hat. Der Kalk ist bis zu einer Tiefe von 2 mm herausgelöst, und da damit das Mengenverhältnis des Eisenoxyds im Zement an den Oberflächenschichten angestiegen ist, ergibt sich eine beträchtliche Vertiefung der Farbe. Daher das dunkelolivgrüne Aussehen der Zementwürfel.

Die Oberflächenschichten der in kohlensäurehaltigem Wasser gelagerten Zementwürfel wurden analysiert. Dies geschah in der Weise, daß sie mit einem Spatel vorsichtig abgeschabt wurden. Es zeigte sich, daß die Oberfläche der Körper völlig zermürbt war und bis zu einer Tiefe von 2 mm ganz leicht ohne jeden Druck entfernt werden konnte. Hinter dieser 2 mm starken Oberflächenschicht war der Zement fest und nicht angegriffen, auch die Farbe des hinter dieser Schicht liegenden Zements war bedeutend heller, und sah aus wie zu Beginn des Versuchs. Die Oberflächenschicht wirkt offenbar als Schutzschicht, die den Angriff der Kohlensäure zumindest hinauszögert, wie dies ja auch die abnehmenden Mengen CaO im kohlensäurehaltigen Wasser beweisen. Die mechanisch abgetrennte Oberflächenschicht wurde getrocknet, geglüht, im Achatmörser gemahlen und chemisch analysiert. Die chemische Analyse ergab folgende Werte:

Chemische Analyse der Oberflächenschicht der in kohlensäurehaltigem Wasser gelagerten Portlandzementwürfel im Vergleich mit dem reinen Zement (in Klammern)

SiO_2	50,84%	(20,24%)
CaO	16,14%	(65,44%)
Al_2O_3 . . . .$\Big\}$	23,26%	(9,43%)
Fe_2O_3		

Aus diesen Ergebnissen geht mit aller Deutlichkeit hervor, daß CaO aus dem Zementgefüge herausgelöst wurde (es sank von 65,44% auf 16,14%), und daß der Gehalt an SiO_2, Al_2O_3 und Fe_2O_3 entsprechend angestiegen ist ($Al_2O_3 + Fe_2O_3$ von 9,43% auf 23,35%).

Die Zerstörung des Portlandzements durch kohlensäurehaltiges Wasser geht nach diesen Untersuchungen wie folgt vor sich:

1. Die Kohlensäure reagiert bei Atmosphärendruck mit dem freien Kalk des Zements unter Bildung von kohlensaurem Kalk nach der Gleichung:

$$Ca(OH)_2 + CO_2 = CaCO_3 + H_2O.$$

2. Der nach 1. gebildete kohlensaure Kalk setzt sich unter weiterer Einwirkung von Kohlensäure um zu doppelkohlensaurem Kalk nach der Gleichung:

$$CaCO_3 + H_2O + CO_2 = Ca(HCO_3)_2.$$

3. Das gebildete $Ca(HCO_3)_2$ geht entweder in Lösung (und damit wird ein weiterer Angriff der Kohlensäure auf den Zement möglich), oder es reagiert mit dem freien Kalk in tiefer liegenden Schichten unter Bildung von kohlensaurem Kalk nach der Gleichung:

$$Ca(HCO_3)_3 + Ca(OH)_2 = 2\,CaCO_3 + 2\,H_2O.$$

4. Dieses so entstandene Kalziumkarbonat wird durch weitere Kohlensäuremengen wieder in Kalziumbikarbonat umgewandelt, und das gebildete Kalziumbikarbonat setzt sich erneut um mit dem freien Kalk in noch tieferen Schichten des Zements.

So tritt stufenweise eine immer weitere Zerstörung des Zements durch kohlensäurehaltiges Wasser ein. Das kohlensäurehaltige Wasser findet im Zement stets Stufen mit hohem Kalkgehalt vor sich und nach der Einwirkung hinterläßt es Stufen mit niedrigerem Kalkgehalt. Schließlich ist der gesamte Kalk des Zements aus dem Zementgefüge durch die Kohlensäure herausgelöst. Ein Treiben findet bei dieser Art der Zerstörung nicht statt, sondern eine allmähliche Zermürbung, die am Ende zu einem völligen Zerfall des Zements führt.

2. Der Einfluß der Kornzusammensetzung.

Es war gezeigt worden, daß die aggressiven Salzlösungen in der Weise reagieren, daß sich die Ionen der Salzlösungen mit dem freien Kalkhydrat des Zements unter Bildung von Kalksalzen umsetzen. Je nach der Art dieses Kalksalzes erhalten wir verschiedenartige Angriffe, die zu Sprengwirkungen, zu Ausblühungen oder zu schlammiger Oberflächenzersetzung führen. Die Art dieser Zerstörungen hängt unmittelbar von der aggressiven Flüssigkeit ab. Dies wird deutlich am Beispiel der durch Ammonsulfat-, Natriumsulfat- und Magnesiumchlorid zerstörten Zementkörper, wie sie im vorigen Abschnitt behandelt wurden. Diese Untersuchungen über den Einfluß der Lösungsart sind von uns noch auf viele andere Beispiele ausgedehnt worden, nur mit dem Unterschied, daß gleichzeitig der Einfluß der Kornzusammensetzung studiert wurde.

Diese Untersuchungen erstreckten sich auf die gleichen Zemente wie oben, deren Analysen in Tabelle 6 zusammengestellt sind, also auf gewöhnlichen und hochwertigen Portlandzement, Erzzement, Hochofenzement, Portlandjurament und Tonerdezement.

Aus diesen Zementen wurden Normenzugkörper mit Normensand und Rheinsand in einem Mischungsverhältnis von 1 : 3 in Gewichtsteilen hergestellt. Der Rheinsand ist gut abgestufter Flußsand mit einer Zusammensetzung von 10 Gewichtsprozenten des Korns von 0 bis 0,3 mm, 20 Gewichtsprozenten von 0,3 bis 0,8 mm und 70 Gewichtsprozenten von 0,8 bis 3,0 mm.

Der Wasserzementfaktor, die Temperatur des Anmachwassers sowie des Normenraums, die Luftfeuchtigkeit bei der Herstellung der Körper und der Wasseraustritt sind in Tabelle 10 zusammengestellt.

Tabelle 10.

Bindemittel der Proben	Wasserzusatz in Gew.-%	Temperatur des Anmachwassers in °	Raumtemperatur in °	Luftfeuchtigkeit in %	Wasseraustritt nach Schlägen
Gew. Portlandzement mit Normensand . .	9,44	18	18,3	58	106
Gew. Portlandzement mit Rheinsand. . .	9,4	18,1	18,9	61	104
Hochw. Portlandzement mit Normensand.	9,2	18	18,5	57	108
Hochw. Portlandzement mit Rheinsand .	9,2	18	19	61	108
Erzzement mit Normensand.	9,3	18	18,5	60	104
Erzzement mit Rheinsand	9,3	18	18,5	58	104
Hochofenzement mit Normensand	8,5	18,3	18,7	49	104
Hochofenzement mit Rheinsand	8,5	18,1	18,8	58	104
Portlandjurament mit Normensand . . .	9,3	18	18,5	50	105
Portlandjurament mit Rheinsand	9,3	18	18,5	50	105
Tonerdezement mit Normensand	8,25	18,1	18,9	50	102
Tonerdezement mit Rheinsand	8,25	18,1	18,9	50	102

Nach eintägiger Luft- und 6tägiger Wasserlagerung wurden je 10 Normenzugkörper in folgende Lösungen eingelagert:

    15%ige Ammonsulfatlösung,
    15%ige Natriumsulfatlösung,
    15%ige Magnesiumchloridlösung,
    gesättigte Kalziumsulfatlösung,
    15%ige Zuckerlösung.

Weiterhin in:

    10%ige Magnesiumsulfatlösung,
    10%ige Aluminiumsulfat- (Alaun-) Lösung,
    10%ige Bariumchloridlösung,
    10%ige Natriumhydroxydlösung,
    10%iges Ammoniakwasser

und zum Vergleich in destilliertes Wasser.

Die Körper lagerten in einem nahezu thermokonstanten Raum (18° C) und wurden täglich beobachtet. Schon in einer früheren Veröffentlichung[1] ist der Zerstörungsvorgang in den Ammoniumsulfat-

---

[1] Probst, E., und K. E. Dorsch: Zement 10/11 (1929).

lösungen und in den Natriumsulfatlösungen dargestellt. Diese Versuche wurden für beide Lösungen wiederholt, um die Reproduzierbarkeit dieser Versuche zu prüfen. Es zeigten sich die gleichen Ergebnisse.

Das Verhalten der Normenkörper in 15%iger Ammoniumsulfatlösung. Bei allen Zementen ergab sich völlige Übereinstimmung mit den früheren Befunden. Die Widerstandsfähigkeit der Zemente gegen Ammoniumsulfatlösung verläuft danach in folgender Reihe: Hochwertiger Portlandzement, gewöhnlicher Portlandzement und Erzzement, Hochofenzement, Portlandjurament, Tonerdezement, wie dies auch folgende Zusammenstellung (Tabelle 11) über den Zerstörungsbeginn in Ammoniumsulfatlösung zu erkennen gibt:

Tabelle 11.

	Zerstörungsbeginn in Ammoniumsulfatlösung nach Tagen					
	Hochw. Portland-zement	Gewöhnl. Portland-zement	Erz-zement	Hoch-ofen-zement	Portland-jurament	Tonerde-zement
Normensand.	3	10	12	25	41	Nach 700 Tagen noch unversehrt
Rheinsand. .	6	30	25	41	45	

Besonders bemerkenswert ist die große Sulfatbeständigkeit des Tonerdezementmörtels, der selbst nach einer Lagerung von 700 Tagen in Ammoniumsulfatlösung keine äußerlich sichtbaren Zerstörungen aufweist. Nur an den Rändern bröckeln einige Sandkörner ab. Daß tatsächlich dennoch eine Einwirkung des Sulfats auf den Tonerdezement stattgefunden hat, beweisen die Festigkeitsprüfungen, die für die einzelnen Zementmörtel und Lösungen in Tabelle 15 zusammengestellt sind. Während sämtliche in Ammonsulfatlösung eingelagerten Zementmörtel aus Normensand und Rheinsand nach einer Lagerung von 200 Tagen keine Zugfestigkeit mehr besitzen, zeigen die Tonerdezementmörtel aus Normensand nach 200 Tagen eine wesentliche Festigkeitssteigerung von 35,0 kg/qcm (in destilliertem Wasser) auf 53,6 kg/qcm und die Rheinsandkörper von 48,5 (in destilliertem Wasser) auf 79,7 kg/qcm. Erst nach 500 Tagen ist die Festigkeit der Normensandkörper auf 22,6 kg/qcm herabgesunken, ohne daß jedoch Treibrisse aufgetreten wären.

Das Verhalten der Normenkörper in 15%iger Natriumsulfatlösung. Die in Natriumsulfatlösung eingelagerten Normenkörper ergaben bei Wiederholung der Versuche das Resultat der früheren Veröffentlichung[1]. Außer den Körpern aus gewöhnlichem und hochwertigem Portlandzement, die nach ca. 200 tägiger Lagerung in Natriumsulfatlösung völlig

---

[1] Probst, E., und K. E. Dorsch: a. a. O.

zu Schlamm zerfallen sind, haben die übrigen Zemente selbst nach 500 Tagen nur geringe Angriffsspuren. Bei den Hochofenzement- und Erzzementkörpern zeigen sich nach 500 Tagen feine Treibrisse an den Kanten. Im übrigen erwies sich der Hochofenzement bei Wiederholung der Versuche in Natriumsulfatlösung als widerstandsfähiger. Es kommt dies allerdings nur in seinen Festigkeitswerten nach 200 Tagen zum Ausdruck. Diese interessante Erscheinung ist dahin zu deuten, daß beim längeren Lagern des Hochofenzements eine Oxydation des Kalziumsulfids zu Kalziumsulfat eintritt. Die Anwesenheit des Kalziumsulfats beeinflußt die Widerstandsfähigkeit des Hochofenzements in günstigem Sinne. Die Portlandjuramentkörper sind nach 500 Tagen noch unversehrt. Bei den Normenkörpern aus Tonerdezement bröckeln nach der gleichen Zeit Sandkörner an den Kanten ab, ohne daß jedoch Treibrisse auftreten. Weiter oben wurde dargestellt, wie dieses verschiedenartige Verhalten der einzelnen Zementarten in Natriumsulfatlösung aus der Bildung des Na(OH) nach der Gleichung: $Na_2SO_4 + Ca(OH)_2 = CaSO_4 + 2\,Na(OH)$ zu erklären ist. Hieraus erhellt ohne weiteres die geringere Widerstandsfähigkeit des Tonerdezements und die relativ hohe Widerstandsfähigkeit des tonerdearmen Erzzements in Natriumsulfatlösungen. Es wird dies noch deutlicher bei der Besprechung der Untersuchungsergebnisse in den Natriumhydroxydlösungen zutage treten (siehe S. 96 bis 98). Die Zerreißprüfungen ergaben auch bei den Natriumsulfatlösungen, daß die Festigkeit der in Sulfatlösungen gelagerten Körper zunächst ansteigt. So ergaben sich nach 200 Tagen Lagerung beim Hochofenzement mit Normensand 40,8 kg/qcm gegenüber 36,0 kg/qcm (in Wasser), beim Hochofenzement mit Rheinsand 58,5 kg/qcm gegenüber 49,9 kg/qcm, beim Portlandjurament mit Rheinsand 69,4 kg/qcm gegenüber 46,0 kg/qcm, beim Tonerdezement mit Normensand 46,8 kg/qcm gegenüber 35 kg/qcm (in Wasser) und beim Tonerdezement mit Rheinsand 61,9 kg/qcm gegenüber 48,5 kg/qcm. Die Portlandzemente zeigten nach 200 Tagen niedrigere Werte, weil sie schon zum Teil zerstört waren.

Im folgenden sei nun das Verhalten der Normenkörper in den übrigen Salzlösungen dargestellt, da nunmehr hierüber genügend lange Erfahrungen vorliegen.

Das Verhalten der Normenkörper in 10 %iger Magnesiumsulfatlösung. Hochwertiger Portlandzement: Bei den mit Normensand hergestellten Normenkörpern treten nach 80 Tagen die ersten feinen Treibrisse an den Kanten auf. Nach einer Lagerung von 8 Monaten haben sämtliche Kanten starke Treibrisse; gleichzeitig sind die Körper mit einer gallertartigen Schicht von Magnesiumhydroxyd überzogen, das sich nach der Gleichung:

$$MgSO_4 + Ca(OH)_2 = CaSO_4 + Mg(OH)_2$$

bei allen Zementen entsprechend dem beim Abbinden und Erhärten gebildeten $Ca(OH)_2$ mehr oder weniger stark bildet. Da sich beim Abbinden und Erhärten bei den Portlandzementen und dem Erzzement gegenüber den anderen, kalkärmeren Zementen die größte Menge $Ca(OH)_2$ bildet, so ist die Magnesiumhydroxydausscheidung bei diesen Zementen auch am stärksten.

Bei den Rheinsandkörpern aus hochwertigem Portlandzement beginnt die Zerstörung nach 92 Tagen. Sie schreitet bei diesen Körpern wesentlich langsamer fort als bei den Normensandkörpern. Nach 700 Tagen haben die Körper das in Abb. 61 gezeigte Aussehen.

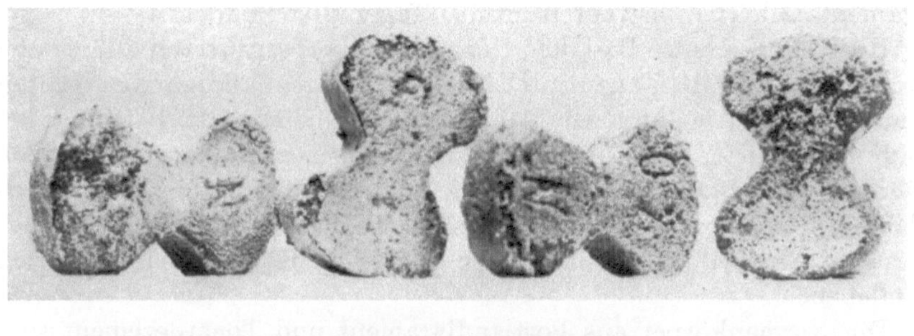

Abb. 61. Normensandkörper (oben) und Rheinsandkörper (unten) aus (von links nach rechts) hochwertigem Portlandzement, gewöhnlichem Portlandzement, Hochofenzement und Erzzement nach 700 tägiger Lagerung in 10%iger Magnesiumsulfatlösung.

Die Zerreißprüfung ergab bei den Normensand- und Rheinsandkörpern nach 700 Tagen keinerlei Festigkeit mehr, während die Zugfestigkeit nach 500 Tagen noch 13,4 kg/qcm betrug (siehe auch Tabelle 15).

Gewöhnlicher Portlandzement: Beim gewöhnlichen Portlandzement setzen die Angriffe an den Normensandkörpern später als beim hochwertigen Portlandzement ein, und zwar erst nach 123 Tagen, und bei den Rheinsandkörpern sogar erst nach 268 Tagen. Nach 700 Tagen sind die Versuchskörper weniger stark zerstört als die Körper aus hochwertigem Portlandzement (siehe Abb. 61). Die Rheinsandkörper sind in diesem Falle ebenso stark zerstört wie die Normensandkörper, wenn auch die

Abb. 61 für eine größere Widerstandsfähigkeit der Normensandkörper zu sprechen scheint. Die Zugfestigkeiten der Körper waren nach 500 Tagen bei den Normensand- und Rheinsandkörpern gleich Null (siehe Tabelle 15).

Erzzement: Genau so, wie es nach den weiter oben dargestellten Untersuchungen an den Zementwürfeln zu erwarten war, zeigte sich auch bei den Mörtelkörpern aus Erzzement die relativ geringe Widerstandsfähigkeit dieses Zements gegenüber Magnesiumsalzen. Die Normensandkörper weisen nach 83 Tagen die ersten Zerstörungen durch Treibrisse auf, die sich sehr schnell erweitern und schon nach 550 Tagen zu dem in Abb. 61 gezeigten Aussehen führen. Die Zugfestigkeit der Normensandkörper beträgt nach 550 Tagen 19,5 kg/qcm.

Hochofenzement: Bei den Normensandkörpern treten die ersten Treibrisse nach 313 Tagen auf. Nach 650 Tagen klaffen die Kanten sämtlicher Körper auf (siehe Abb. 61). Die Rheinsandkörper hingegen sind unversehrt. Die Zugfestigkeit der Normensandkörper ist nach 500 Tagen auf 19,0 kg/qcm und nach 700 Tagen auf 18,2 kg/qcm gegenüber 36,7 kg/qcm (in Wasser) gesunken. Die Festigkeit der Rheinsandkörper ist gegenüber den in Wasser gelagerten Körpern nahezu gleich geblieben.

Die Normenkörper aus Portlandjurament und Tonerdezement sind selbst nach einer Lagerung von 700 Tagen äußerlich noch unversehrt; desgleichen ist die Festigkeit dieser Körper noch nicht vermindert (siehe Tabelle 15).

Der Beginn der Zerstörungen an den in 10%iger Magnesiumsulfatlösung eingelagerten Normenkörpern der verschiedenen Zemente ist aus Tabelle 12 ersichtlich:

Tabelle 12.

	Zerstörungsbeginn in Magnesiumsulfatlösung nach Tagen					
	Hochw. Portl.- Zement	Gew. Portl.- Zement	Erz- zement	Hoch- ofen- zement	Portl.- Jurament	Tonerde- zement
Normensand . .	80	123	83	313	nach 700 Tagen	noch unversehrt
Rheinsand . . .	92	268	—	nach 700 Tagen noch un- versehrt		

Das Verhalten der Normenkörper in CaSO$_4$-Lösung. Es konnte schon früher[1] der Einfluß der Kornzusammensetzung auf die Widerstandsfähigkeit von Mörtel und Beton gegen chemische Angriffe dargestellt werden. Dieser Effekt wird um so deutlicher, je mehr die Angriffs-

---

[1] Probst, E., u. K. E. Dorsch: a. a. O.

geschwindigkeit verlangsamt wird, je mehr also die Zerstörungsgeschwindigkeit den in der Praxis vorliegenden Verhältnissen angepaßt
wird. Dies ist bei den weniger aggressiven Salzlösungen und besonders
bei den Kalziumsulfatlösungen der Fall. Abb. 62 läßt deutlich erkennen,
daß die Rheinsandkörper von hochwertigem Portlandzement (links) und
gewöhnlichem Portlandzement (rechts) wesentlich weniger angegriffen
sind als die Normensandkörper. Die Wirkung des Rheinsandes gegenüber dem Normensand ist auf die größere Dichte des aus ihm hergestellten Mörtels zurückführen; sie ist — wie schon seinerzeit ausgeführt wurde — eine rein
mechanische und keine
chemische. Wenn zwei
Mörtelkörper von ver-
schiedener Porosität in
Wasser getaucht wer-
den, so wird sich der
mit der größeren Poro-
sität schneller mit Flüs-
sigkeit vollsaugen. Dies
bedeutet, daß aggressive
Lösungen bei einem Nor-
mensandkörper, der weit
mehr Makroporen auf-
weist als ein Rheinsand-
körper, in größere Tiefen
einzudringen vermögen,
so daß der Angriff der
Salzlösungen bei dieser
Art von Körpern nicht
nur von außen her, son-

Abb. 62. Normensand (oben) und Rheinsandkörper (unten)
aus hochwertigem (links) und gewöhnlichem (rechts) Portlandzement nach 900 tägiger Lagerung in gesättigter Kalziumsulfatlösung.

dern auch tief im Innern des Körpers erfolgt. Bei den Rheinsandkörpern hingegen geschieht der Angriff im wesentlichen von außen.

Untersucht man die vorsichtig angeschliffenen Trennungsflächen
von Normensand- und Rheinsandkörpern aus hochwertigem Portlandzement nach der Zerreißprüfung mikroskopisch, so zeigt sich bei beiden
Mörtelarten ein völlig verschiedenes Aussehen (Abb. 63 und 64).

Abb. 63 zeigt deutlich die Porosität des Zementnormensandgefüges
im Querschnitt, auch die Art, in der die aggressiven Lösungen (auf der
Abbildung als helle Stellen erkennbar), in die Körper eingedrungen sind.
Ferner ist die Beschaffenheit der Grenzfläche Mörtelkörper—Lösung gut
zu erkennen.

Im Gegensatz hierzu steht die in Abb. 64 dargestellte Wirkungs-
weise des Rheinsandes. Das Material ist hier infolge der Abstufung des

Sandes viel feinporiger, das Zement-Feinsandgemenge vermag sich eng an die gröberen Sandteilchen anzuschmiegen und so dem Eindringen der Salzlösung Widerstand zu leisten. An der Grenzfläche des Mörtelkörpers hat sich eine dicke Schicht von Kalziumkarbonat abgelagert, die den Durchgang von aggressiven Flüssigkeiten außerordentlich erschwert.

Zu einer Bestätigung des hier Gesagten führten chemisch-analytische Untersuchungen. Diese Untersuchungen wurden so ausgeführt, daß je ein Normensand- und Rheinsandkörper den Kalziumsulfatlösungen entnommen und gründlich in destilliertem Wasser gewässert wurden, um äußerlich anhaftende Spuren von Lösungsbestandteilen zu entfernen.

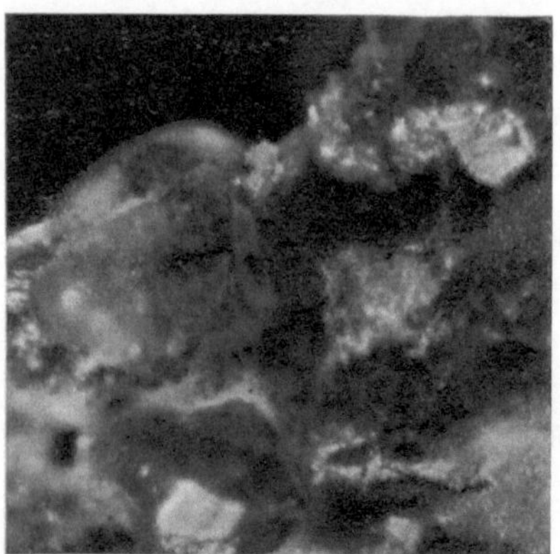

Abb. 63. Normensandgefüge.

Abb. 64. Rheinsandgefüge.

Danach wurden die Zugkörper mit dem Zerreißapparat zerrissen und die Körperhälften sorgfältig mit einem scharfen Stahlmeißel behauen und in zwei verschiedene Fraktionen geschieden; die von außen bis zu einer Tiefe von 4 bis 5 mm des Mörtelkörpers abgetragenen Schichten wurden mit „außen", die von einer Tiefe von 10 mm und darüber abgetragenen Schichten mit „innen" bezeichnet. Die Fraktionen wurden im Trockenschrank bei 110° getrocknet, mit dem Achatmörser gemahlen und nach abermaliger Trocknung zur Analyse eingewogen. Es wurde der SO_3-Gehalt der Fraktionen bestimmt. Beim hochwertigen Portlandzement ergaben sich nach diesem Verfahren für die Normensand- und für die Rheinsandkörper die in nachfolgender Tabelle 13 zusammengestellten Resultate:

Tabelle 13.

Hochwertiger Portlandzement mit Normensand	außen	9,91% SO_3	berechnet auf Zement
	innen	3,72% SO_3	
Hochwertiger Portlandzement mit Rheinsand .	außen	2,94% SO_3	
	innen	1,81% SO_3	

Es geht hieraus deutlich hervor, daß die mit Normensand hergestellten Normenkörper einen weit höheren Gehalt an SO_3 aufweisen
als die Rheinsandkörper. Der Zement des Rheinsandkörpers ist „innen“,
d. h. in einer Tiefe von 10 mm und darüber, überhaupt noch nicht angegriffen. Er hat denselben SO_3-Gehalt wie bei Beginn des Versuchs
(Analyse des hochwertigen Portlandzements vor der Einlagerung:
$SO_3 = 1{,}75\%$), während der SO_3-Wert des Normensandkörpers „außen“
ungefähr sechsmal größer ist als zu Beginn der Einlagerung.

Aus diesen Untersuchungen ergibt sich einwandfrei die größere Beständigkeit eines Mörtels oder Betons gegenüber aggressiven Salzlösungen durch die Verwendung eines sorgfältig abgestuften Zuschlagmaterials. Es konnte dies am Beispiel der in Ammonsulfat-, Natrium-
sulfat-, Magnesiumsulfat- und Kalziumsulfatlösung eingelagerten Mörtelkörper immer wieder erneut bestätigt werden.

Im einzelnen ergab sich bei den verschiedenen Zementen in Kalziumsulfatlösung folgendes Zerstörungsbild:

Hochwertiger Portlandzement: Beim hochwertigen Portlandzement
zeigen sich an den Normensandkörpern nach 305 Tagen, bei den Rheinsandkörpern nach 328 Tagen die ersten Zerstörungen in Form von Treibrissen. Diese führen bei den Körpern aus Normensand nach 900 Tagen
zum völligen Zerfall, während die Rheinsandkörper nur Treibrisse an
den Kanten aufweisen (siehe Abb. 62). Die Zugfestigkeit beträgt bei
den Normensandkörpern nach 200 Tagen noch 30,5 kg/qcm, ist aber
schon nach 500 Tagen gleich Null. Die Festigkeit der Rheinsandkörper
fällt sehr viel langsamer ab. Sie beträgt nach 200 Tagen 46,7 kg/qcm,
nach 500 Tagen 35,5 kg/qcm und nach 700 Tagen 29,1 kg/qcm, und erst
nach 900 Tagen ist sie gleich Null (siehe Tabelle 15).

Gewöhnlicher Portlandzement: Die Normensandkörper sind nach
500 Tagen äußerlich noch unversehrt. Nach 530 Tagen sind an
einigen Körpern Treibrisse zu beobachten. Die Zerstörungen sind nach
700 Tagen stark vorangeschritten (s. Abb. 62). Die Rheinsandkörper
hingegen sind sogar noch nach 900 Tagen unversehrt; dies bestätigen
auch die Festigkeitsprüfungen. Es zeigt sich bei den Rheinsandkörpern nach 900 Tagen noch kein Festigkeitsabfall, während die
Festigkeit der Normensandkörper erheblich (bis auf 21,7 kg/qcm) gesunken ist.

Bei allen anderen Zementen sind nach 900 Tagen noch keinerlei
Zerstörungen wahrzunehmen. Die Festigkeiten sind vielmehr beim
Hochofenzement, Portlandjurament und Tonerdezement beträchtlich
gestiegen (siehe Tabelle 15).

Nach diesen Untersuchungen ergibt sich mithin für den Beginn der
Zerstörungen bei den verschiedenen Zementen folgende Zusammenstellung (Tabelle 14):

Tabelle 14.

	Zerstörungsbeginn in Kalziumsulfatlösung nach Tagen					
	hochw. Portland-zement	gew. Portland-zement	Erz-zement	Hoch-ofen-zement	Portland-zement	Tonerde-zement
Normensand . .	305	530	nach 900 Tagen noch unversehrt			
Rheinsand . . .	328	nach 900 Tagen noch unversehrt				

Das Verhalten der Normenkörper in den Aluminiumsulfatlösungen.
Ganz ähnlich wie in den gesättigten Gipslösungen verhielten sich die
verschiedenen Zemente in den Aluminiumsulfatlösungen. Diese Lösungen wurden deshalb untersucht, weil zu erwarten war, daß das Kalzium-
aluminiumsulfat, das wir in den anderen Sulfatlösungen nur äußerst
selten angetroffen haben, hier sich in größerer Ausbeute bilden würde.
Doch diese Annahme wurde nicht bestätigt. Es hängt dies wahrscheinlich
damit zusammen, daß die Konzentration der Lösungen eine zu hohe ist.
Die Reaktionen verlaufen in der Weise, daß sich Kalziumsulfat und Tonerdehydrat bildet. Letzteres scheidet sich an den Körpern ab und bildet
eine Schutzschicht. Dadurch ist der Zerstörungsgrad bei den Zementen
der gleiche wie bei den Kalziumsulfatlösungen. Außer dem hochwertigen
und gewöhnlichen Portlandzement sind die Zemente nicht zerstört. Auch
die Festigkeiten haben außer bei den Portlandzementen bei keinem
Zement eine Beeinträchtigung erfahren. Die Festigkeit der Normensand-
und Rheinsandkörper aus hochwertigem Portlandzement, sowie die der
Normensandkörper aus gewöhnlichem Portlandzement ist nach 900
Tagen gleich Null (siehe Tabelle 15). Die Zerstörungen setzen bei den
Portlandzementen nach ca. 60 Tagen ein, nach 90 Tagen sind die Oberflächen der Normenkörper stark angegriffen.
Das Verhalten der Normenkörper in den Erdalkalichloridlösungen.
Bei den Zerstörungen durch Chloride verdient vor allem das Magnesiumchlorid Interesse, weil es in großen Mengen in fast allen in der Natur
vorkommenden Wässern enthalten ist. Eine Einwirkung des Magnesium-
chlorids auf den Zement kann in der Weise stattfinden, daß das Kalziumhydroxyd mit dem Magnesiumchlorid unter Bildung von Kalziumchlorid
und Magnesiumhydroxyd nach der Gleichung

$$Ca(OH)_2 + MgCl_2 = CaCl_2 + Mg(OH)_2$$

reagiert. Es entsteht mithin leicht lösliches Kalziumchlorid, das aus dem
Zement in Lösung geht, und Magnesiumhydroxyd, das sich auf den
Zementkörpern und auf dem Boden der Gefäße in Form eines dichten
weißen Niederschlags absetzt. Dieser Niederschlag schützt den Zement
längere Zeit vor weiteren Angriffen.

Die Untersuchungen an den in 15%iger Magnesiumchloridlösung eingelagerten Normensand- und Rheinsandkörpern der verschiedenen Zemente führten zu dem Ergebnis, daß nach 900 Tagen, abgesehen von den Magnesiumhydroxydausscheidungen, äußerlich keine Zerstörungen auftreten. Daß tatsächlich eine geringe Einwirkung innerhalb der genannten Zeit stattgehabt hat, lehrt die Prüfung der Zugfestigkeit. Die Prüfungsergebnisse sind aus Tabelle 15 ersichtlich. Man kann hieraus erkennen, daß die Festigkeit der Normensandkörper und Rheinsandkörper aus hochwertigem und gewöhnlichem Portlandzement sowie die der Normensandkörper aus Erzzement und Hochofenzement beträchtlich gesunken ist.

Wie starke Zerstörungen durch Magnesiumchloridlösungen an Portlandzementen hervorgerufen werden können, zeigt eine Arbeit von S. Michelsen[1]. Diese Art der Zerstörungen muß besonders bei der Verlegung der neuerdings häufiger verwendeten Steinholzfußböden auf Portlandzementbeton beachtet werden.

Kalziumchlorid- und Bariumchloridlösungen bewirken keinerlei Veränderungen am Zement. Dies zeigen die Untersuchungen, die mit 10%iger Bariumchloridlösung ausgeführt wurden. Es ergaben sich nach 700 Tagen nicht die geringsten äußeren Anzeichen einer Veränderung an den Normenkörpern. Auch die Festigkeit sämtlicher Zemente hat sich nach einer Lagerungsdauer von 500 Tagen gegenüber den in Wasser gelagerten Vergleichskörpern nicht im geringsten verändert (siehe Tabelle 15). Zerreißprüfungen nach 700 Tagen mußten unterbleiben, da die Normenkörper für weitere Versuche verwendet werden sollen.

Das Verhalten der Normenkörper in 15%iger Zuckerlösung. Es ist bekannt, daß Zuckerlösungen Zement anzugreifen vermögen. Hierbei bildet sich Kalziumsacharat, das durch das Lösungsmittel aus dem Zementgefüge herausgelöst wird. Aus unseren Untersuchungen über diesen Gegenstand geht hervor, daß diese Umsetzung außerordentlich langsam vor sich geht, und daß sich infolgedessen meist durch die imWasser gelöste Kohlensäure eine Schutzschicht von Kalziumkarbonat auf den Mörtelkörpern auszubilden vermag. Die Zuckerlösungen mußten alljährlich erneuert werden, da durch Bazillen der Zucker vergoren und damit die Konzentration der Lösung an Zucker verändert wurde.

Sämtliche Zemente zeigen nach 900tägiger Lagerung in 15%iger Zuckerlösung noch keine Angriffe. Bei den Normensandkörpern aus hochwertigem und gewöhnlichem Portlandzement und aus Portlandjurament bröckeln an den Kanten infolge Erweichung des Gefüges Sandkörner ab. Erstaunlicherweise sind die Rheinsandkörper aus gewöhn-

---

[1] Michelsen, S.: Tonind.-Zg. **76**, 1068 (1931).

Tabelle 15. Zugfestig-

NS = Normensand; RS = Rheinsand; HZ = hochwertiger Portlandzement;
JZ = Portlandjurament;

	Tage	destilliertes Wasser	$(NH_4)_2SO_4$	Na_2SO_4	$CaSO_4$	$MgSO_4$
$HZ\ NZ$	200	33,0	0	0	30,5	—
	500	38,5	0	0	0	13,4
	700	41,2	0	0	0	0
	900	—	0	0	0	0
$HZ\ RS$	200	46,8	0	40	46,7	—
	500	47,0	0	0	35,5	13,4
	700	53,0	0	0	29,1	0
	900	—	0	0	0	0
$PZ\ NS$	200	29,5	0	0	16,5	—
	500	33,2	0	0	16,6	0
	700	37,4	0	0	18,0	0
	900	—	0	0	21,7	0
$PZ\ RS$	200	38,5	0	25,4	33,5	—
	500	45,4	0	0	41,9	0
	700	54,3	0	0	55,4	0
	900	—	0	0	55,8	0
$EZ\ NS$	550	41,2	0	18,0	39,9	19,7
$OZ\ NS$	200	36,0	0	40,8	31,3	—
	500	47,8	0	32,4	34,5	19,0
	700	46,7	0	—	50,8	18,2
	900	—	0	—	46,0	—
$OZ\ RS$	200	49,9	0	58,5	42,9	—
	500	57,1	0	—	50,9	56,2
	700	55,2	0	—	65,5	58,1
	900	—	0	—	71,0	—
$JZ\ NS$	200	38,0	0	31,3	37,7	—
	500	48,2	0	21,3	47,2	31,8
	700	49,0	0	—	55,1	36,9
	900	—	0	—	59,9	—
$JZ\ RS$	200	46,0	0	69,4	49,5	—
	500	49,8	0	—	59,3	49,5
	700	56,3	0	—	60,2	52,4
	900	—	0	—	66,4	—
$TZNS$	200	35,0	53,6	46,8	42,2	—
	500	36,8	22,6	38,5	43,0	56,3
	700	42,8	—	—	46,3	48,2
	900	—	—	—	50,5	—
$TZRS$	200	48,5	79,7	61,9	40,9	—
	500	57,8	—	—	52,4	68,2
	700	58,9	—	—	55,6	67,6
	900	—	—	—	62,5	—

keiten in kg/qcm.

PZ = gewöhnlicher Portlandzement; EZ = Erzzement; OZ = Hochofenzement; TZ = Tonerdezement.

$MgCl_2$	Zucker	$BaCl_2$	$Al_2(SO_4)_3$	NH_4OH	NaOH
—	—	—	—	—	—
20,9	33,3	39,8	0	31,4	36,7
22,6	28,3	—	0	35,5	43,9
21,2	27,0	—	0	—	—
—	—	—	—	—	—
38,4	44,4	50,9	16,0	42,8	56,9
46,8	29,6	—	0	50,0	49,4
34,5	26,2	—	0	—	—
—	—	—	—	—	—
22,3	26,9	28,9	12,9	42,9	26,8
22,8	34,0	—	0	34,9	36,3
26,6	22,6	—	0	—	—
—	—	—	—	—	—
43,2	32,6	49,9	32,4	51,4	41,0
39,0	23,4	—	32,3	53,1	55,0
35,9	18,0	—	—	—	—
25,3	—	—	—	—	—
—	—	—	—	—	—
25,1	30,3	35,1	43,1	48,1	41,1
25,4	35,6	—	44,2	49,2	44,3
31,2	35,5	—	—	—	—
—	—	—	—	—	—
48,5	33,0	51,4	67,2	44,5	57,8
51,3	47,6	—	64,0	50,2	71,3
51,3	60,5	—	—	—	—
—	—	—	—	—	—
27,7	29,3	30,5	55,0	54,8	55,6
43,2	23,1	—	50,4	43,4	47,0
41,9	18,8	—	—	—	—
—	—	—	—	—	—
50,5	33,5	38,4	52,9	48,2	57,2
58,5	39,7	—	48,4	56,7	56,4
49,8	47,0	—	—	—	—
—	—	—	—	—	—
40,8	42,9	43,2	39,2	44,4	23,6
54,6	50,1	—	39,4	34,9	16,6
48,1	41,6	—	—	—	—
—	—	—	—	—	—
59,1	63,05	50,0	57,1	65,2	46,4
61,4	64,1	—	59,2	59,7	39,9
66,1	67,3	—	—	—	—

lichem Portlandzement sehr stark zerstört worden. Diese wurden bis zu einer Tiefe von 5 bis 10 mm von außen her aufgelöst. Der Rheinsand befindet sich auf dem Boden des Gefäßes. Treibrisse wurden bei dieser Art von Zerstörung nicht beobachtet. Es erhob sich nun die Frage, wie dieses besondere Verhalten zu erklären ist, um so mehr als die bisherigen Untersuchungen immer wieder absolut eindeutig die größere Widerstandsfähigkeit der Rheinsandmörtel gegenüber den Normensandmörteln ergeben haben. Diese Erscheinung ist schließlich dahin aufgeklärt worden, daß durch irgendeinen Zufall (vielleicht durch das auf dem Gefäß befindliche Holz) Essigsäurebazillen in die Lösung eingedrungen waren. Diese bewirkten eine Oxydation des Alkohols zu Essigsäure. Die Essigsäure, die chemisch nachgewiesen wurde, hat die beobachtete Zerstörung der Rheinsandkörper herbeigeführt. Sie reagiert mit dem Kalk des Zements unter Bildung von Kalziumazetat. Dies erklärt auch ohne weiteres die Auflösung des Zements und das Fehlen der bei den meisten Angriffen durch Salzlösungen üblicherweise auftretenden Treibrisse. Es nützte in diesem Falle nichts, daß die Zuckerlösung erneuert wurde, da die Essigsäurebazillen in die Mörtelkörper eingedrungen waren und selbst durch sehr gründliches Abwaschen der Körper mit destilliertem Wasser nicht entfernt werden konnten.

Die Festigkeitsuntersuchungen (siehe Tabelle 15) ergaben starke Festigkeitsrückgänge bei den Normensand- und Rheinsandkörpern aus hochwertigem und gewöhnlichem Portlandzement sowie bei den Normenkörpern aus Portlandjurament.

Das Verhalten der Normenkörper in 10 %igen Alkalihydroxydlösungen. Alkalihydroxyde vermögen mit den Kalziumaluminaten der Zemente unter Bildung von Alkalialuminaten zu reagieren. Diese Einwirkung ist naturgemäß um so geringer, je kleiner der Tonerdegehalt eines Zements ist. Auf diese Tatsache wurde schon bei der Diskussion der Ergebnisse der Natriumsulfatlagerung hingewiesen. Bisher wurde angenommen, daß Zemente, die ja selbst sehr stark basisch sind, gegen andere basische Substanzen genügende Widerstandsfähigkeit besitzen. Durch Versuche des California Higwhay Research Laboratory[1] wurde entgegen den bis dahin gültigen Annahmen nachgewiesen, daß Portlandzementbeton durch Natronlauge und Kalilauge sehr stark angegriffen wird. Erklärt wurde diese Zerstörung damit, daß das beim Abbinden und Erhärten des Betons gebildete Kalkhydrat in basischen Medien — also in Natronlauge oder Kalilauge — einen größeren Lösungsdruck habe als in Wasser, und daß sogar die Kalziumhydrosilikate in basischen Medien einen erheblichen Lösungsdruck besitzen. Diese Erklärung ist unwahrscheinlich, weil durch die Annahme eines erhöhten Lösungsdrucks von Kalziumhydroxyd so

---

[1] Concrete **1929**.

starke Zerstörungen wie die beobachteten nicht erklärt werden können. Viel näher liegt die Vermutung, daß die Kalziumaluminate angegriffen wurden. Diese Vermutung ist leicht zu überprüfen. Es sind hierzu nur Versuche mit Zementen auszuführen, deren Tonerdegehalt ein verschiedener ist, d. h. es sind Portlandzemente mit Tonerdezementen zu vergleichen. Für diese Untersuchungen wurden wieder hochwertiger und gewöhnlicher Portlandzement, Hochofenzement, Portlandjurament und Tonerdezement verwendet. Diese Zemente wurden in 10%iger Natriumhydroxydlösung und in 10%igem Ammoniakwasser eingelagert. Hierbei ergab sich nun folgendes:

Die Normensand- und Rheinsandkörper von hochwertigem und gewöhnlichem Portlandzement, von Hochofenzement und Portlandjurament zeigten nach 700 tägiger Lagerung in 10%iger Natriumhydroxydlösung äußerlich keinerlei Anzeichen irgendeiner Zerstörung. Dies kommt auch in den Festigkeitsprüfungen zum Ausdruck. Die Festigkeiten der Normenkörper aus den genannten Zementen sind die gleichen wie die der in Wasser gelagerten Vergleichskörper. Anders verhalten sich die Tonerdezementmörtelkörper. Diese zeigen zwar äußerlich auch keine Angriffe, aber die Festigkeiten sind beträchtlich gesunken. Die Normensandkörper besitzen nach 500 Tagen Lagerung eine Zugfestigkeit von 23,6 kg/qcm gegen 36,8 kg/qcm in Wasser und nach 700 Tagen 16,6 kg/qcm gegen 42,8 kg/qcm. Die Rheinsandkörper haben nach 500 Tagen 46,4 kg/qcm gegen 57,8 kg/qcm in Wasser und nach 700 Tagen 39,9 kg/qcm gegen 58,9 kg/qcm in Wasser. Tonerdezement wird mithin durch Natronlauge angegriffen. Beim Portlandzement und den übrigen Zementen sind nach einer fast 2 jährigen Versuchsdauer entsprechend den theoretischen Erwartungen keine Angriffe festzustellen. Damit findet unsere Annahme, daß der Angriff der Alkalien am Kalziumaluminat einsetzt, eine weitere Stütze. Es ist sehr wahrscheinlich, daß sich dann im weiteren Verlauf der Reaktion unter Formänderung und Volumenzunahme Zeolithe, d. h. wasserhaltige Alkali- oder Erdalkali-Tonerde-Silikate bilden, die schließlich eine Sprengung der Mörtelkörper herbeiführen.

Die Untersuchungen mit 10%igem Ammoniakwasser ergaben, daß bei sämtlichen Zementen, auch beim Tonerdezement, keine Zerstörungen eintreten. Auch die Festigkeiten haben durch die Lagerung im Ammoniakwasser in keiner Weise gelitten (siehe Tabelle 15). Nach den Erklärungen in der zitierten Arbeit wären auch bei Ammoniumhydroxydlösungen Zementzerstörungen zu erwarten, da der Lösungsdruck des Kalziumhydroxyds auch in diesen Lösungen gegenüber reinem Wasser größer ist. Da aber diese Erwartungen, wie unsere Versuche zeigen, nicht erfüllt werden, so dürfte die Deutung der Versuche in der genannten Arbeit nicht zutreffen.

3. Der Einfluß der Temperatur der Salzlösungen.

Bei unseren Korrosionsuntersuchungen wurde festgestellt, daß die Geschwindigkeit, mit der die Versuchskörper zerstört wurden, im Sommer und im Winter verschieden groß war. Die Körper wurden im Winter weit weniger schnell zerstört als im Sommer, wo die durchschnittliche Temperatur eine höhere ist. Diese Erscheinung konnte nur durch die Temperaturdifferenzen in den Lösungen, die wiederum von der Außentemperatur, von der Temperatur des Lagerungsraumes abhängen, erklärt werden. Diese Beobachtungen führten schließlich dazu, den Einfluß der Temperatur bei der Zerstörung von Mörtel und Beton genauer zu untersuchen. Es mußte bei diesen Versuchen bei sonst gleichbleibenden Versuchsbedingungen die Temperatur variiert werden.

Für diese Untersuchungen wurden wieder Zementwürfel von 3 cm Kantenlänge verwendet. Die Beschaffenheit des Zements, Wasserzementfaktor sowie Art und Konzentration der Salzlösungen sind aus folgender Zusammenstellung ersichtlich:

Chemische Analyse des untersuchten Portlandzements.

Unlöslicher Rückstand . .	0,45%	Al_2O_3	6,38%
Glühverlust	2,17%	Fe_2O_3	3,12%
SiO_2	20,90%	MgO	1,46%
CaO	65,44%	SO_3	1,75%.

Siebanalyse.

Rückstand auf dem 900-Maschen-Sieb .	0,20%
Rückstand auf dem 4900-Maschen-Sieb .	7,3%
Wasserzusatz	27,0%
Temperatur des Anmachwassers	18° C
Temperatur des Normenraumes	18° C
Temperatur des Lagerraumes	18° C
Luftfeuchtigkeit des Normenraumes . .	50%
Konzentration der Salzlösungen	{ 15%ige Natriumsulfatlösung { 15%ige Ammoniumsulfatlösung
Temperatur der Salzlösungen	variabel.

Die Zementkörper wurden nach eintägiger Luft- und 6 tägiger Wasserlagerung in die Salzlösungen eingelagert. Die Temperaturen für die Salzlösungen wurden in 3 Stufen gewählt. Ein Teil der Versuchskörper wurde einer durchschnittlichen Temperatur von — 5° C, ein weiterer Teil einer Temperatur von durchschnittlich + 15° C und schließlich ein Teil einer Dauertemperatur von durchschnittlich + 30° C ausgesetzt. Bei der Einhaltung der tiefen Temperaturen von — 5° C kam uns die große und langanhaltende Kälte des Winters 1928/29 für die Durchführung der Versuche sehr zustatten. Die Temperatur von + 15° C ließ sich in den Arbeitsräumen bequem konstant halten. Die Temperatur von + 30° C wurde durch eine konstant gehaltene Heizung in einem Trockenluftraum erzeugt. Die verdampfte Menge Lösungswasser wurde täglich ergänzt.

Die Zerstörungen verliefen bei den einzelnen Körpern folgendermaßen:

Lagerungstemperatur − 5⁰ C.

Nach 1 Tag: Körper unversehrt.

„ 2 Tagen: Körper unversehrt.

„ 3 „ am rechten Körper zeigt sich an einer der oberen Kanten ein leichter Angriff. Die Angriffsfläche ist punktförmig.

„ 5 „ am rechten Körper sind 3 Kanten in der obigen Weise leicht angegriffen.

„ 7 „ Die Zerstörungen am rechten Körper dehnen sich langsam aus. Die zerstörte Zementmasse bröckelt an den Angriffsstellen ab.

„ 11 „ Die Zerstörungen schreiten nur sehr langsam fort, so daß gegenüber der Zerstörung nach 7 Tagen äußerlich kein Fortschritt wahrnehmbar ist. Einer der beiden Körper wird photographiert (Abb. 65).

„ 23 „ Auch jetzt zeigt sich noch kein weiterer Fortschritt gegenüber den Beobachtungen vom 11. Tage. Der gleiche Körper wie oben wird photographiert (Abb. 66).

Lagerungstemperatur + 15⁰ C.

Nach 1 Tag: Körper unversehrt.

„ 2 Tagen: Einige Kanten zeigen leichte Angriffe.

„ 3 „ Die Angriffe an den Kanten setzen sich fort. Die zunächst punktförmigen Angriffsflächen verbreitern sich.

„ 5 „ Alle Kanten beginnen aufzuklaffen.

„ 7 „ Die Kanten sind mit einem weißen kristallinen Pulver beschlagen. Die Zerstörungen setzen sich langsam fort.

„ 11 „ Die Zerstörungen setzen sich nur langsam fort, so daß das Zerstörungsbild nur wenig anders ist als nach 7 Tagen. Einer der beiden Körper wird photographiert (Abb. 65).

„ 23 „ Die Zerstörungen schreiten langsam weiter, aber weitaus schneller als bei den Körpern niedrigerer Temperatur. Der gleiche Körper wie oben wird photographiert (Abb. 66).

Lagerungstemperatur + 30⁰ C.

Nach 1 Tag: Körper unversehrt.

„ 1¹/₂ Tagen: Die Ränder der Körper werden unfest.

„ 2 „ Einige Kanten zeigen leichte Angriffe.

„ 3 „ Die Körper sind an den Ecken und Kanten schon stark angegriffen, so daß sie zum Aufklaffen neigen.

„ 5 „ Sämtliche Kanten sind aufgeklafft, und die Oberflächen der Körper haben die Gestalt verändert.

„ 7 „ Die Oberflächen der beiden Körper sind völlig zerstört.

„ 11 „ Die Zerstörungen sind weiter stark fortgeschritten und zeigen das in Abb. 65 dargestellte Äußere.

„ 23 „ Die Körper sind völlig zerstört. Der Boden des Lagerungsgefäßes ist mit den Trümmern der Körper bedeckt. Der gleiche Körper wie oben wird photographiert (Abb. 66).

„ 30 „ Die Körper sind völlig zu Schlamm verfallen.

7*

Das Zerstörungsbild, das man erhält, wenn man die Körper in Natriumsulfatlösung einlagert, ist das gleiche wie das in Abb. 65 und 66 dargestellte, nur mit dem Unterschied, daß die Zerstörungszeiten sich entsprechend länger hinauszögern. Die für diese Versuche gewählten Temperaturen sind solche, wie sie in unserem Klima im Winter und im

Abb. 65. Zementkörper aus hochwertigem Portlandzement nach einer Lagerung von 11 Tagen in 15%iger Ammonsulfatlösung.   Körper *I*: Lagerungstemperatur − 5° C,
Körper *II*: Lagerungstemperatur + 15° C,   Körper *III*: Lagerungstemperatur + 30° C.

Sommer durchschnittlich vorzukommen pflegen. Deshalb lassen sich die gezeigten Effekte ohne weiteres auf die Verhältnisse in der Praxis übertragen.

Wir hatten schon darauf hingewiesen, daß die Zerstörung des Zements durch Sulfate oder andere aggressive Salzlösungen darauf beruht, daß sich das beim Abbinden und Erhärten des Zements entstandene Kalk-

Abb. 66. Zementkörper aus hochwertigem Portlandzement nach einer Lagerung von 23 Tagen in 15%iger Ammonsulfatlösung.   Körper *I*: Lagerungstemperatur − 5° C,
Körper *II*: Lagerungstemperatur + 15° C,   Körper *III*: Lagerungstemperatur + 30° C.

hydrat mit den Ionen der Salzlösungen umsetzt. Hierbei bilden sich Kalksalze, die durch das Lösungsmittel aus dem Zement- oder Mörtelgefüge herausgelöst werden. Der Einfluß der Temperatur auf die Geschwindigkeit chemischer Ionenreaktionen macht sich auch bei diesen Umsetzungen in hohem Maße geltend. Durch die Erhöhung der Ionengeschwindigkeit werden nicht nur die Reaktionskomponenten: $Ca(OH)_2 — Na_2SO_4$ oder $(NH_4)_2SO_4$ usw. schneller zur gegenseitigen Reaktion gebracht, sondern auch die Löslichkeit der Reaktionsprodukte bei Temperaturerhöhung heraufgesetzt. In welchem Maße sich die Löslichkeit des Kalziumsulfats bei Temperaturerhöhung ändert, ist aus folgender Zusammenstellung ersichtlich. Es lösen sich in 1000 ccm Wasser:

bei 0°	. . . . 1,946 g $CaSO_4$	bei 38°	. . . . 2,218 g $CaSO_4$
,, 18°	. . . . 2,110 g $CaSO_4$	,, 50°	. . . . 2,180 g $CaSO_4$
,, 24°	. . . . 2,164 g $CaSO_4$	,, 70°	. . . . 2,082 g $CaSO_4$

bei 100° . . . . 1,810 g $CaSO_4$.

In Ammoniumsulfatlösung löst sich $CaSO_4$ besonders leicht unter Bildung eines Doppelsalzes $CaSO_4 \cdot (NH_4)_2 \cdot SO_4 \cdot H_2O$. Die Bildung dieses Doppelsalzes liefert eine weitere Erklärung für die verhältnismäßig starke chemische Wirksamkeit von Ammoniumsulfatlösungen auf Zement und Beton. Man hat sich den Zerstörungsvorgang dann so vorzustellen, daß die Ammoniumsulfatlösung in die Poren des Zements eindringt und sich mit dem Kalkhydrat des Zements zu Kalziumsulfat umsetzt, das sofort nach dem Entstehen unter Bildung von $CaSO_4 \cdot (NH_4)_2 \cdot SO_4 \cdot H_2O$ aufgelöst wird. Die Löslichkeit dieses Doppelsalzes ist stärker temperaturabhängig als die des einfachen Kalziumsulfats.

Die Löslichkeit des Kalziumsulfats wird weiterhin durch die Anwesenheit von Natriumchlorid, Kalziumchlorid und Ammoniumchlorid im Lösungsmittel in stärkster Weise beeinflußt und bei zunehmender Temperatur erhöht. Dies gewinnt an Bedeutung, wenn man die Verhältnisse im Meerwasser betrachtet. Im Wasser z. B. der Nordsee und der Ozeane sind ungefähr 3 bis 3,5% Salze gelöst, die ca. 78% NaCl, 2% KCl, 9% $MgCl_2$, 6,5% $MgSO_4$ und 4% $CaSO_4$ enthalten. Die Anwesenheit der Chloride im Meerwasser ist geeignet, die Löslichkeit des bei Salzangriffen entstandenen Kalziumsulfats beträchtlich zu erhöhen, und diese Löslichkeit bei Anwesenheit von Alkalichloriden ist ebenfalls in weit höherem Maße temperaturabhängig als die des Kalziumsulfats in reinem Wasser.

Die mitgeteilten Untersuchungen beweisen die große Bedeutung, die der Temperatur bei der Einwirkung von aggressiven Salzlösungen auf Mörtel und Beton zukommt. Ihr Einfluß muß bei allen experimentellen Arbeiten auf diesem Gebiet berücksichtigt werden. Bei diesen Arbeiten kommt es darauf an, selbst ganz geringe Differenzen in den Zerstörungsgeschwindigkeiten zu messen. Hierzu ist aber absolute Thermokonstanz erforderlich und die Mitteilung der Versuchstemperatur bei der Veröffentlichung von Versuchsergebnissen unumgänglich notwendig.

Aber nicht nur bei experimentellen Forschungsarbeiten muß die Einwirkung der Temperatur berücksichtigt werden, sondern auch in der Praxis. Die Einwirkung des Meerwassers auf Mörtel und Beton muß

— so darf man aus den vorliegenden Untersuchungsergebnissen schließen — in Ländern mit verschiedenem Klima ebenfalls verschieden sein; in solchen mit wärmerem Klima werden stärkere Angriffe zu erwarten sein als bei durchschnittlich niedrigeren Temperaturen. Diese Erkenntnis muß im weiteren Verlauf dazu führen, daß in heißen Ländern bei Betonbauten, die aggressiven Salzlösungen in irgendeiner Form ausgesetzt sind, widerstandsfähigere Zemente verwendet werden müssen als in kälteren, und daß man bei solchen Bauten noch weit mehr Vorsicht walten lassen muß, um Unfälle durch Zerstörungen an Mörtel und Beton zu verhüten.

4. Der Einfluß der Oberfläche und der Menge der Versuchskörper in den aggressiven Salzlösungen.

Ebenso wie die Konzentration der aggressiven Lösungen auf die Geschwindigkeit und den Grad der Zerstörungen von maßgeblichem Einfluß ist, macht sich der Einfluß der Oberfläche und der Menge der Versuchskörper in den Lösungen geltend. Es ist einleuchtend, daß bei gleichen Lösungsmengen von gleicher Salzkonzentration verschiedene Zerstörungsgrade und Zerstörungsgeschwindigkeiten zu erwarten sind, wenn die Oberfläche und die Anzahl der in die Lösungen eingelagerten Versuchskörper verschieden ist. Nehmen wir einmal an, es würden bei zwei Gefäßen mit je 4000 ccm Salzlösung im einen zwei Körper, im anderen 20 Körper lagern, dann steht für die Zerstörung der 2 Versuchskörper die gleiche Salzmenge zur Verfügung wie für die Zerstörung von 20 Versuchskörpern. Das führt zu dem Schluß, daß die Salzlösungen, in denen die 20 Körper lagern, sehr rasch verbraucht sein werden, bevor sie überhaupt in tiefere Schichten einzudringen vermochten, während die Salzlösung mit den 2 Versuchskörpern selbst bei restloser Zerstörung der Versuchskörper kaum geschwächt sein wird. Das bedeutet im Endeffekt, daß die Konzentration aggressiver Salzlösungen verschieden ist, wenn die Oberfläche und die Anzahl der Versuchskörper bei diesen Vergleichsversuchen variiert. Dies ist natürlich für die Auswertung von Versuchsergebnissen von großer Bedeutung. Wir stellten uns die Aufgabe, die Richtigkeit dieser Anschauung zu beweisen.

Zu diesem Zweck wurden Normenkörper aus hochwertigem Portlandzement unter folgenden Bedingungen hergestellt und in aggressive Salzlösungen eingelagert:

Chemische Analyse.

Glühverlust	1,44%	Al_2O_3	5,18%
Unlösliches	0,85%	Fe_2O_3	2,74%
SiO_2	19,61%	MgO	1,80%
CaO	65,08%	SO_3	2,59%
	Rest	0,71%	

Wasserzusatz 8%
Temperatur des Normenraums . . . 18⁰ C
Temperatur des Lagerraumes . . . . 18⁰ C
Temperatur der Salzlösung . . . . . 18⁰ C
Art der Salzlösung. . . . . $(NH_4)_2 \cdot SO_4$
Konzentration der Salzlösung 15%
Menge der Salzlösung . . . . je 4000 ccm
Menge der Versuchskörper:
    Zugkörper in den Salzlösungen . . a) 3 Körper
                                                              b) 24 Körper.

Nach eintägiger Luft- und 6tägiger Wasserlagerung wurden drei Körper und 24 Körper in zwei Gefäße eingelagert, die 4000 ccm 15%ige

Abb. 67. Normenkörper aus hochwertigem Portlandzement nach einer Lagerung von 30 Tagen in 15%iger Ammonsulfatlösung.
Links: 3 Körper in 4000 ccm Salzlösung, rechts: 24 Körper in 4000 ccm Salzlösung.

Ammoniumsulfatlösung enthielten. Die Beobachtung geschah täglich. Hierbei ergab sich folgendes Zerstörungsbild:

Gefäß mit drei Körpern in 4000 ccm Salzlösung: Nach 4 Tagen wird die Oberfläche der Körper schwammig und unfest. Nach 8 Tagen treten Treibrisse auf. Nach 17 Tagen sind alle Kanten sehr stark angegriffen. Nach 30 Tagen zeigen die Körper das in Abb. 67 links dargestellte Aussehen. Nach 80 Tagen sind die Körper völlig zerstört (Abb. 68).

Gefäß mit 24 Körpern in 4000 ccm Lösung: Nach 24 Tagen treten die ersten Zerstörungserscheinungen ein. Die Ränder der Körper klaffen auf. Nach 30 Tagen sind die Ränder der Körper stärker angegriffen (siehe Abb. 67, rechts). Die Zerstörungen schreiten nur langsam vorwärts. Die Körper zeigen nach 80 Tagen das gleiche Aussehen wie die obigen drei Körper nach 30 Tagen. Nach 200 Tagen haben die Angriffe immer noch nicht zur völligen Zerstörung geführt.

Wenn schon rein äußerlich der Einfluß der Menge und der Oberfläche der in Salzlösungen eingelagerten Versuchskörper aus diesen Abbildungen mit aller Deutlichkeit hervorgeht, so ist es doch wichtig zu beweisen, daß dieser Effekt durch den verschieden schnellen Verbrauch der Salzlösung, also durch die Konzentrationsdifferenzen der Salzlösungen, bedingt wird. Zu diesem Zweck wurden die Salzlösungen an jedem zweiten Tage analysiert. Während sich die Konzentration der Salzlösung mit den drei eingelagerten Normenkörpern selbst nach einer Zeit von 80 Tagen kaum veränderte (die Konzentration sank von 15% auf 14%), sank die Konzentration der Salzlösung mit den 24 Körpern schon nach wenigen Tagen von 15% auf 12%, und nach 30 Tagen betrug sie nur noch 8% (berechnet auf SO_3). Das bedeutet, daß die Aggressivität der Salzlösung in diesem Fall nach 30 Tagen auf nahezu die Hälfte des ursprünglichen

Abb. 68. Normenkörper aus hochwertigem Portlandzement nach einer Lagerung von 80 Tagen in 15%iger Ammonsulfatlösung.
Links: 3 Körper in 4000 ccm Salzlösung, rechts: 24 Körper in 4000 ccm Salzlösung.

Wertes gesunken ist, während bei den drei Körpern die ursprüngliche Konzentration von 15% fast unvermindert sich auswirken kann.

Diese Versuche beweisen nicht nur die Abhängigkeit der Aggressivität von der Konzentration der Salzlösung, sie geben auch gleichzeitig zu erkennen, welche Bedeutung der Menge und Oberfläche der Versuchskörper in den Salzlösungen und der Menge der Salzlösungen bei wissenschaftlichen Vergleichsuntersuchungen beigemessen werden muß.

5. Der Einfluß der Vorlagerung auf die Widerstandsfähigkeit eines Zements gegen chemische Angriffe.

Schon Anderegg[1] weist in einer Arbeit über den Einfluß von Sulfaten auf das Abbinden und Erhärten von Portlandzement darauf hin, daß ein Zusatz von Sulfaten zum abbindenden Zement seine Widerstandsfähigkeit gegen Sulfatsalzlösungen erhöhen müsse. Es bilden sich dann, solange der Zement noch elastisch und dehnungsfähig ist, unter Volumenausdehnung jene Kalziumsulfate und Kalziumsulfoaluminate, die, wenn sie erst im erhärteten Zement entstehen, eine Zersprengung

---

[1] Anderegg: Unveröffentlichte Arbeit (1929).

des Zements herbeiführen. Auf Grund dieser Überlegungen ist zu erwarten, daß ein Zement, der kurze Zeit nach der Herstellung in Sulfatsalzlösungen gelagert wird, unter Umständen widerstandsfähiger ist als ein Zement, der vor der Einlagerung in die aggressive Lösung längere Zeit in Luft lagert. Wir haben daher einmal die Widerstandsfähigkeit eines Zementmörtels in Abhängigkeit von der Vorlagerungsdauer untersucht.

Zu diesem Zweck wurden Normenzugkörper aus gewöhnlichem Portlandzement unter folgenden Bedingungen hergestellt:

Chemische Analyse des Portlandzements.

Glühverlust	. . . .	1,96%		Al_2O_3	6,57%
Unlösliches	. . . .	0,82%		Fe_2O_3	2,59%
SiO_2	. . . .	21,22%		MgO	1,60%
CaO	. . . .	63,55%		SO_3	1,72%

Wasserzusatz	8,37%
Temperatur des Normenraums .	18° C
Temperatur des Lagerraums . .	18° C
Temperatur der Salzlösungen . .	18° C
Art der Salzlösungen	Na_2SO_4 und $MgSO_4$
Konzentration der Salzlösungen .	15%
Menge der Salzlösungen und Menge der Versuchskörper.	je 10 Versuchskörper in 4000 ccm Salzlösung
Vorlagerungsdauer	variabel.

Je 10 Normenkörper wurden nach folgenden Vorlagerungszeiten in die aggressiven Salzlösungen eingelagert:

1. 1 Tag in feuchter Luft, 1 Tag in Wasser,
2. 1 Tag in feuchter Luft, 6 Tage in Wasser,
3. 1 Tag in feuchter Luft, 13 Tage in Wasser,
4. 1 Tag in feuchter Luft, 6 Tage in Wasser, 7 Tage in Luft (kombiniert),
5. 1 Tag in feuchter Luft, 27 Tage in Wasser,
6. 1 Tag in feuchter Luft, 6 Tage in Wasser, 21 Tage in Luft (kombiniert).

Der Zerstörungsbeginn für die Versuchskörper 1 bis 6 ist in folgender Tabelle 16 zusammengestellt.

Tabelle 16. Zerstörungsbeginn in Natriumsulfat- und Magnesiumsulfatlösung bei verschiedener Vorlagerung nach Tagen:

	1	2	3	4	5	6
Na_2SO_4	144	78	83	83	83	111
$MgSO_4$	260	140	187	187	164	220

Diese Zusammenstellung läßt erkennen, daß bei den Versuchskörpern, die schon 2 Tage nach der Herstellung in die aggressiven Salzlösungen eingelagert wurden, am spätesten irgendwelche Zerstörungen äußerlich erkennbar waren. Besonders auffallend ist die geringe Wider-

Abb. 69. Normenkörper aus gewöhnlichem Portlandzement nach einer Lagerung von 7 Monaten in 15%iger Natriumsulfatlösung.
1 2 Tage, *2* 7 Tage, *3* 14 Tage Wasservorlagerung, *4* 14 Tage kombinierte Vorlagerung, *5* 28 Tage Wasservorlagerung, *6* 28 Tage kombinierte Vorlagerung.

Abb. 70. Normenkörper aus gewöhnlichem Portlandzement nach einer Lagerung von 1 Jahr in 15%iger Natriumsulfatlösung.
1 2 Tage, *2* 7 Tage, *3* 14 Tage Wasservorlagerung, *4* 14 Tage kombinierte Vorlagerung, *5* 28 Tage Wasservorlagerung, *6* 28 Tage kombinierte Vorlagerung.

standsfähigkeit der nach 28tägiger Wasserlagerung in die Salzlösung eingelagerten Normenkörper (5). Das gleiche kommt in Abb. 69 und 70 zum Ausdruck.

Die Festigkeitsprüfungen, die nach einem, zwei, vier, sechs und acht Monaten ausgeführt wurden, ergaben das in den Kurven (Abb. 71 bis 76)

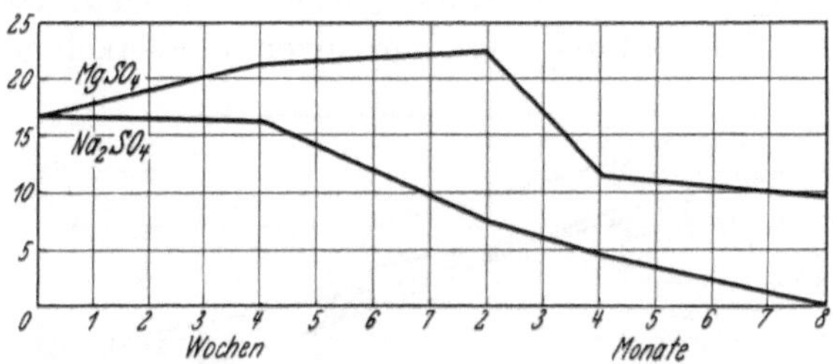

Abb. 71. Zugfestigkeit in kg/qcm. Vorlagerungsdauer: 2 Tage.

dargestellte Bild. Sie zeigen einmal die größere Aggressivität der Natriumsulfatlösungen gegenüber den Magnesiumsulfatlösungen; sie zeigen weiterhin, daß die Festigkeit der nach einer Vorlagerung von 2, 3 und

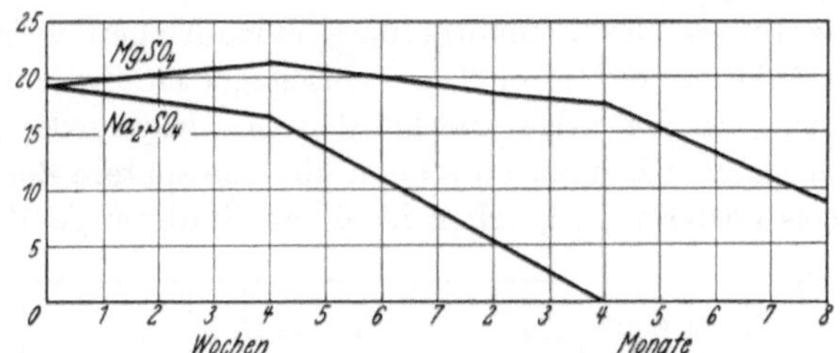

Abb. 72. Zugfestigkeit in kg/qcm. Vorlagerungsdauer: 3 Tage.

7 Tagen eingelagerten Versuchskörper in den aggressiven Lösungen teilweise zunächst noch ansteigt, während die Festigkeit der Körper mit 14- bis 28tägiger Vorlagerung sofort sehr stark sinkt, und schließlich ist

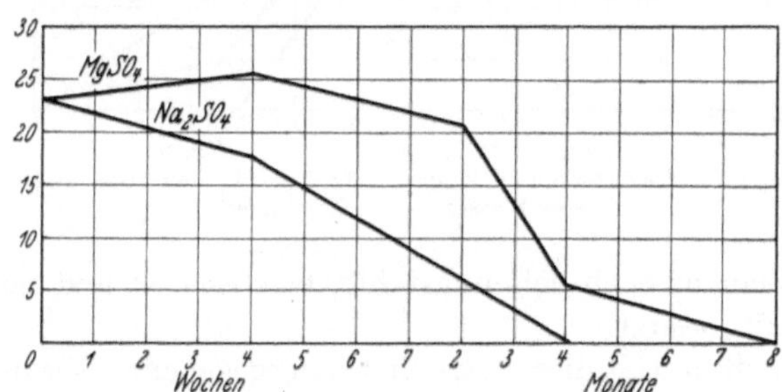

Abb. 73. Zugfestigkeit in kg/qcm. Vorlagerungsdauer: 7 Tage.

damit bewiesen, daß die Widerstandsfähigkeit eines Zements gegen aggressive Salzlösungen abhängig ist von der Art und Dauer der Vorlagerung. Die Versuche mit 14- und 28tägiger Vorlagerung lassen deutlich erkennen, daß eine Wasserlagerung von Zement vor der Einlagerung in die aggressive Salzlösung sich besonders schlecht auswirkt. Es hängt dies damit zusammen, daß ein wassergelagerter Zement wasserdurchtränkt ist, und daß dadurch die aggressiven Flüssigkeiten besonders

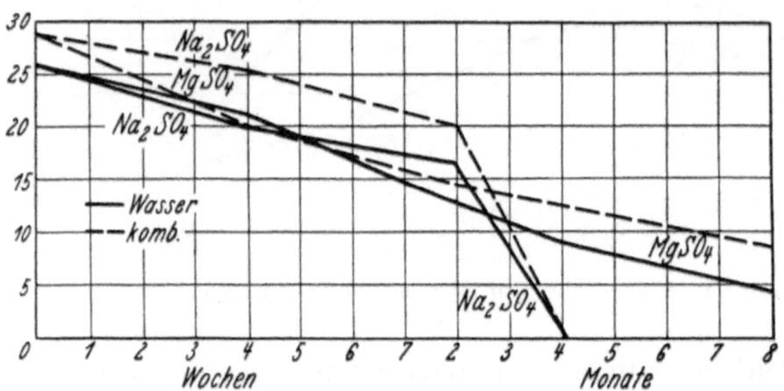

Abb. 74. Zugfestigkeit in kg/qcm. Vorlagerungsdauer: 14 Tage.
——— Wasser, – – – kombiniert.

leicht in das Innere des Zementgefüges einzudringen vermögen. Die Widerstandsfähigkeit des zwei Tage vorgelagerten Zementmörtels ist so zu erklären, daß die Salze, die bei der Einwirkung der aggressiven Flüssigkeiten auf den Zement entstehen und die spätere Zerstörung des Zementgefüges herbeiführen, schon in einem Stadium gebildet werden,

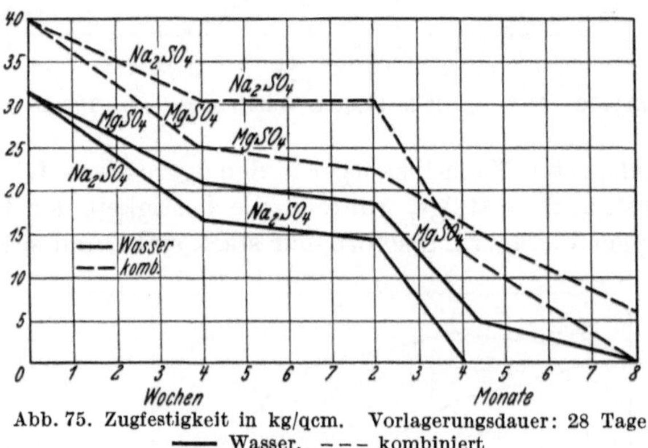

Abb. 75. Zugfestigkeit in kg/qcm. Vorlagerungsdauer: 28 Tage.
——— Wasser, – – – kombiniert

in dem der Zement noch dehnungsfähig, elastisch ist und noch geringe Eigenfestigkeit besitzt.

Die im zweiten Teil dieser Arbeit wiedergegebenen Versuche liefern das Material für eine Methodik zur exakten Untersuchung des Verhaltens von Mörtel und Beton in aggressiven Wässern. Diese Versuche, die sich in der vorliegenden Arbeit auf den Einfluß der Art der Zemente, der Kornzusammensetzung des Zuschlagmaterials, der Art und Konzentration der Salzlösungen, der Temperatur der Salzlösungen, der Oberfläche und Menge der Versuchskörper in den aggressiven Flüssigkeiten und auf den Einfluß der Vorlagerungsdauer erstrecken, wurden sodann auf die anderen Faktoren: den Wasserzementfaktor, die Herstellungstemperatur, die Mahlfeinheit und die Luftfeuchtigkeit ausgedehnt. Diese Untersuchungen sollen später veröffentlicht werden. Sie werden das in dieser Arbeit entworfene Bild einer neuen Methodik vervollständigen. Erst dann, wenn die hier dargestellten Ideen einer Versuchsmethodik von allen Experimentatoren anerkannt und in die Praxis umgesetzt sein werden, werden zukünftige Arbeiten auf diesem Gebiet nicht umsonst geschehen sein, sondern der Wissenschaft und Technik im Sinne des Fortschritts dienen.

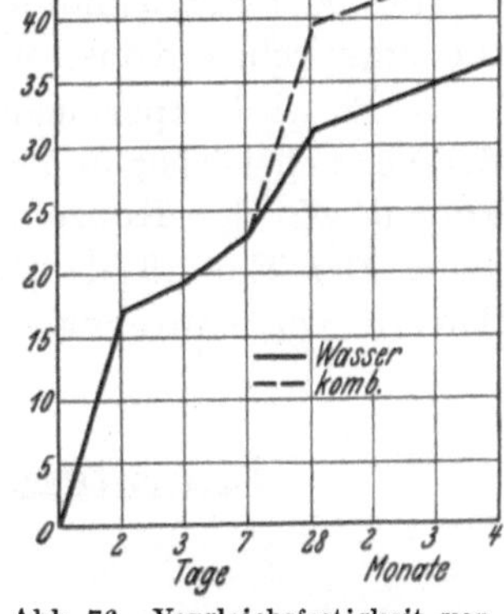

Abb. 76. Vergleichsfestigkeit von Portlandzement nach 2, 3, 7 und 28 Tagen in kg/qcm.
—— Wasser, – – – kombiniert.

Über Untersuchungen, die die Erhöhung der Widerstandsfähigkeit der Zemente gegen aggressive Lösungen auf chemischem Wege zum Ziele haben und teilweise zu sehr guten praktischen Erfolgen führten, soll in späteren Arbeiten eingehend berichtet werden.

Zusammenfassung von II.

1. Es wird eine Versuchsmethodik für die Untersuchung der Angriffe an Zementen in aggressiven Lösungen ausgearbeitet.

2. Im Sinne dieser Versuchsmethodik wird das Verhalten von hochwertigem und gewöhnlichem Portlandzement, von Erzzement, Hochofenzement, Portlandjurament und Tonerdezement gegenüber Lösungen von Ammoniumsulfat, Natriumsulfat, Magnesiumsulfat, Kalziumsulfat, Aluminiumsulfat, Magnesiumchlorid, Bariumchlorid, Ammoniumhydroxyd, Natriumhydroxyd und Zucker untersucht. Die Widerstandsfähigkeit der Zemente gegen Salzlösungen nimmt in folgender Reihe zu: hochwertiger Portlandzement, gewöhnlicher Portlandzement, Erzzement, Hochofenzement, Portlandjurament, Tonerdezement. Es bestehen in einigen Fällen Ausnahmen, die von der Art des Zements und der Salzlösung abhängen. Gleichfalls wird das Verhalten von Portlandzement in destilliertem Wasser und kohlensäurehaltigem Wasser quantitativ untersucht.

3. Weiterhin wird der Einfluß der Kornzusammensetzung auf die Widerstandsfähigkeit eines Mörtels in aggressiven Lösungen untersucht. Es ergibt sich, daß die Widerstandsfähigkeit eines Mörtels oder Betons mit der Dichte zunimmt.

4. Sodann wird der Einfluß der Temperatur der aggressiven Lösungen auf die Widerstandsfähigkeit von Mörtel und Beton untersucht. Die Versuche, die bei Temperaturen von -5^0 C, $+15^0$ C und $+30^0$ C ausgeführt wurden, ergeben eindeutig, daß die Widerstandsfähigkeit eines Mörtels oder Betons mit steigender Temperatur rasch sinkt. Es wird auf die praktischen Konsequenzen aus diesen Versuchen hingewiesen.

5. Es wird experimentell bewiesen, daß der Oberfläche und Menge der Versuchskörper in aggressiven Lösungen die gleiche Bedeutung zukommt wie der Konzentration und Menge der aggressiven Lösungen.

6. Der Einfluß der Vorlagerungsdauer wird untersucht und die Theorie von Anderegg bestätigt.

Literaturanhang zum zweiten Teil.

1. Zement.

Jahrg.	Nr.	Seite	
1913	34	428	Bates, Philipps, Wig: Action of the salts in Alkaliwater and seawater on cements.
1913	48	587f.	Rohland: Neue Versuche mit Zement und Beton.
1913	49	601	Meade: Über die Einwirkung verschiedener Salze auf Zementmörtel.
1913	52	634f.	Verhalten von vier Jahre altem Beton in Seewasser (Aberthaw).
1914	1	2f.	Rohland: Das Verhalten des Zements bzw. Betons gegen Salzlösungen und Säuren.
1914		275f. 481f.	Rodt: Der Einfluß verschiedener Stoffe des Bodens und Wassers auf Beton.
1915	1	3	Der Einfluß des Seewassers auf Beton (Aberthaw).
1915	26	155f.	Goslich: Das Verhalten des Betons gegen Meerwasser.
1915	44 52	263f. 311f.	Strebel: Portlandzement und Hochofenzement.
1916	1	2	Passow: Portlandzement und Hochofenzement.
1916	2	7f.	Strebel: Portlandzement und Hochofenzement.
1916	12	74	Klein u. Philipps: Die Hydratation von Portlandzement.
1916	24	145f.	Strebel: Portlandzement und Hochofenzement.
1916	26	157f.	Kühl: Portlandzement und Hochofenzement.
1916	26	158	Framm: Portlandzement und Hochofenzement.
1916	28	169f.	Kühl: Portlandzement und Hochofenzement.
1916	42	255f.	Strebel: Portlandzement und Hochofenzement.
1916	50	304f.	Framm: Wertigkeitsdiagramm für Portland- und Hochofenzement.
1917	28	167f.	Bredtschneider: Beschädigung von Bauwerken durch Grund- und Sickerwasser.
1917	31	187f.	Nitzsche: Beschädigung von Bauwerken durch Grund- und Sickerwasser.

Jahrg.	Nr.	Seite	
1922	34	390	Platzmann: Über den Schutz von Zement gegen Angriff von Säuren.
1922	31	357	Grün: Verhalten von Beton in Ammonsulfatlösungen.
1923	46/47	297	Grün: Einfluß der chemischen Zusammensetzung der Schlacken und Klinker auf Erhärtung und Sulfatbeständigkeit des Hochofenzements.
1926	1	6	Grün: Über das Verhalten von Zementmörtel und Beton in Hochmooren und Niederungsmooren.
1926	35	621	Loos: Über das Verhalten von Eisenbeton gegenüber den Einflüssen von Seewasser.
1927	44	1055	Obst: Über Einwirkung von Meerwasser auf Beton.
1927	49	1180f.	Grün: Beton im Meerwasser.
1927	49	1190	Haegermann: Die Beständigkeit der Zemente in aggressiven Wässern.
1928	29	1102	Biehl: Zerstörung von Beton durch aggressive Kohlensäure.
1928	10	385	Prüssing: Chemische Widerstandsfähigkeit von Zement.
1929	10	292f.	Probst u. Dorsch: Die Einwirkung chemisch aggres-
	11	388f.	siver Lösungen auf Zement und Mörtel.
1929		192	Grün: Wasserglaspulver als Zementzusatz.
1929	32	973	Nitzsche: Tonerdezement in Magnesiumsulfat.
1929	36	1090f.	Probst u. Dorsch: Der Einfluß der Temperatur der Salzlösungen und der Mörtelstruktur auf das Verhalten von Portlandzement in aggressiven Lösungen.
1930	13	306	Referat der Generalversammlung des Vereins Deutscher Portlandzementfabrikanten.
1930	17	394f.	Referat von W. Eitel über die Arbeiten von T. Thorvaldson.
1930	24	567	Goslich: Miscellen aus der Baupraxis.

2. Tonindustrie-Zeitung.

1879	25	226f.	Behrmann: Wirkung des Seewassers auf Zement.
1879	49	457	Zementkonkretblöcke an der Mündung des Mississippi.
1883	29	266	Die Verwendung von Beton bei Molenbauten.
1884	34	381f.	Erprobung österreichischer hydraulischer Bindemittel bezüglich ihres Verhaltens im Seewasser.
1884	36	352f.	Verhalten im Seewasser.
1891	2	19	Einfluß der Lösungen von schwefelsaurer Magnesia (Michaelis u. Debray).
1892	6	105	Michaelis: Der Zementbazillus.
1894	44	784f.	Versuche über den Einfluß von Seewasser auf die Erhärtung von hydraulischen Mörteln.
1896	3	32f.	Buch: Versuche über die Erhärtung von Portlandzement im Meerwasser.
1896	57	838f.	Das Verhalten der hydraulischen Bindemittel zum Meerwasser (Ref. Michaelis).
1897	14	128f.	Die Einwirkung des Meerwassers auf Mörtel (Ref. über
		142f.	Candlot: Le Ciment 1896, Nr 3, 4, 5).
1898	101	1093f.	Das Verhalten der hydraulischen Bindemittel zum Meerwasser (Ref. Nandor).

Jahrg.	Nr.	Seite	
1898	120	1279f.	Schwarz: Zur Meerwasserfrage des Portlandzements.
1899	64	913f.	Protokoll der Generalversammlung des Vereins Deutscher
	67	948f.	Portlandzementfabrikanten.
1899	145	1817f.	Die Einwirkung von Salzwasser auf Zement (Ref. Cooper).
1901	21	272f.	Rebuffat: Die Zerstörung der hydraulischen Mörtel durch das Meerwasser.
1901	58	922	Zersetzung des Mörtels durch Meerwasser.
1901	64	1051f.	Schuljatschenko: Über die Einwirkung des Meer-
	67	1131f.	wassers auf hydraulische Zemente.
1901	79	1281f.	Über die Zerstörung des Zements im Meerwasser (Ref.
	82	1332f.	Le Chatelier).
1901	82	1335f.	Rebuffat: Über die Kalksulfoaluminate und die Zerstörung der Bauwerke aus Portlandzement im Meerwasser (Übersetzung Le Ciment **1901**, 66).
1902	11	105f.	Le Chatelier: Die chemische Zersetzung der Zemente im Meerwasser.
1902	69	913f.	Deval: Über die Einwirkung von Kalksulfaten auf Zemente.
1902	78	1081f.	Deval: Über die Zusammensetzung des Kalksulfoaluminats.
1902	135	1793f.	Rebuffat: Die Kalksulfoaluminate und die Zerstörung der Seebauten aus Portlandzement.
1903		1227f.	Protokoll der Generalversammlung des Vereins Deutscher Portlandzementfabrikanten.
1903	126	1943f.	Schwefelsaure Salze und Zement.
1903	132	2022f.	Rohland: Über die Einwirkung des Meerwassers auf Portlandzement.
1904	51	589f.	Die Verbesserung des Portlandzements für Meerwasserbauten durch Zusatz puzzolanartiger Stoffe (Ref. Feret).
1904	131	1560	Das Verhalten der hydraulischen Bindemittel im Meerwasser (Ref. Leduc).
1905	82	1111	Protokoll der Generalversammlung des Vereins Deutscher Portlandzementfabrikanten.
1905	106	1487f.	Rohland: Die Candlotsche Reaktion und die Verwendung des Portlandzements bei Meerwasserbauten.
1906	29	270f.	Veränderungen am Beton im Seewasser (Ref. Gary Mitteilungen des Materialprüfungsamtes **1905**, H. 2).
1906	33	440f.	Schlackenzement und Meerwasser (Ref. Maynard).
1906	112	1734f.	v. Blaese: Über die Einwirkung wässeriger Chlorkalzium- und Chlormagnesiumlösungen auf Portlandzement.
1906	133	1987f.	Erzzement.
1907	20	172f.	Über den Einfluß von Salzlösungen auf Portlandzement und Schlackenzement (Ref. Renezeder).
1907	27	248f.	Kasai: Über Ausdehnung von Portlandzementmörtel im
	30	295f.	Süßwasser und im Meerwasser. (Mit Vorwort von Möller.)

Jahrg.	Nr.	Seite	
1908	108	1639f.	Vetillart u. Feret: Erfahrungen mit Puzzolanen bei Meerwasserbauten.
1909	42	435	Chemische Veränderungen von Portlandzement und Einwirkung von Meerwasser auf denselben (Ref. Pother.)
1909	89	931	Die Zersetzung der Zemente im Meerwasser (Ref. Le Chatelier).
1909	95	996f.	Protokoll der Generalversammlung des Vereins Deutscher Portlandzementfabrikanten.
1909	104	1111f.	Schwarz: Puzzolankalkmörtel im Meerwasser.
1909	113	1227f.	Zersetzung von Mörtel (Ref. Bied).
1909	113	1234	Riisager: Zement im Meerwasser.
1909	131	1462f.	Auflösung und Zersetzung der Zemente (Ref. Maynard).
1910	37	433f.	Protokoll der Generalversammlung des Vereins Deutscher Portlandzementfabrikanten (Auszug).
1910	74	868	Beton im Meerwasser, Ausschuß des österreichischen Ingenieur- und Architekten-Vereins.
1910	79	930	Traßzusatz zu Zementmörtel.
1910	152	1769	Betonblöcke im Hafenbau.
1911	34	428f.	Protokoll der Generalversammlung des Vereins Deutscher Portlandzementfabrikanten.
1911	140	1644	Portlandzement mit Puzzolanzusatz (Ref. Kasai).
1912	17	216	Hafenbauten aus Eisenbeton in Norwegen.
1912	26	358	Schick: Zerstörung von Beton durch Bodenbestandteile.
1912	97	1391f.	Kühl: Die Ursache des Treibens der Zemente.
1912	97	1335f.	Kallauner: Portlandzement und Magnesiumsalze.
1912	124	1663f.	Seesand und Bruchsteinmörtel im Meerwasser.
1912	139	1844	Der Eisenbeton im Wasserbau (12. internationaler Schifffahrtskongreß Philadelphia).
1912	151	1988	Kühl: Die Zemente aus Hochofenschlacke.
1913	22	278	Protokoll der Generalversammlung des Vereins Deutscher Portlandzementfabrikanten (Auszug).
1913	43	569f.	Knothe: Zur Frage der chemischen Widerstandsfähigkeit der Zemente.
1913	51	680	Beton im Seewasser (Ref. Stanford).
1913	87	1132f.	Poulsen: Diatomeerde als Puzzolane.
1914	34	551	Einwirkung von Salzlösungen und Seewasser auf Zemente (Ref. Bates, Philipps, Wig).
1914	52	889	Verhalten von Zementen mit hohem Magnesiagehalt (Ref. Bates).
1914	59	995f.	Passow, jun.: Einfluß von Kochsalz auf verschiedene Zementarten.
1914	86	1462	Einwirkung von Meerwasser auf Beton (Aberthaw Compagnie).
1915		143f.	Passow: Hochofenzement und Portlandzement.
1917	10	57f.	Nitzsche: Zemente in schwefelsäurehaltigem Wasser.
1917	18	112f.	Nitzsche: Zum Studium der Hochofenzemente.
	19	119f.	

3. Zentralblatt der Bauverwaltung.

Jahrg.	Nr.	Seite	
1902	99	613f.	Bauwissenschaftliche Versuche im Jahre 1901.
1904	71	449f.	Bauwissenschaftliche Versuche im Jahre 1902/03.
1906	4	21f.	Bauwissenschaftliche Versuche im Jahre 1904.
1909	78	513	Fünfter internationaler Kongreß für die Materialprüfungen der Technik.
1910	38	258f.	Das Verhalten hydraulischer Bindemittel im Seewasser.
1910	95	619f.	Mitteilungen über Versuche auf dem Gebiete des Bau-
	97	632f.	wesens aus den Jahren 1905 bis 1908.
1915	34	223f.	Rohland: Das Verhalten des Betons gegen Meerwasser.
1915	88	582f.	Untersuchungen über das Verhalten von Mörtel- und Betonmischungen mit Traßzusatz beim Bau der neuen Seeschleuse in Emden.
1919	89	532f.	Das Verhalten von bewehrtem Beton im Seewasser.
1920	56	357f.	Beton im Seewasser.
1920	31		Ederhof: Eisenrostschutz im Seewasser durch Beton.
1922	24	142	Einfluß von artesischem Wasser auf Beton.
1922	71	431	Beton in sauren Grundwässern (Referat).
1923	1	1f.	Herrmann: Über Betonzerstörungen durch Sulfate und
	2	15f.	andere schwefelhaltige Stoffe.
1925	51	621	Schmidt: Die Verwendung von Fluorid zur Verbesserung von Beton.

4. Protokolle der Verhandlungen des Vereins
Deutscher Portlandzementfabrikanten.

Jahrg.	Seite	
1888	46f.	Seewasserversuche Schumanns: Die Zerstörung in englischen Häfen.
1892	76f.	Dyckerhoff, R.: Bericht und Versuchsplan; Sympfers Erfahrungen bei den Betonbauten am Nord-Ostseekanal bezüglich verschiedener Mischungsmethoden.
1893	20f.	Kommissionsbericht R. Dyckerhoffs und seine eigenen Versuchsresultate. Delbrücks Mitteilungen über Bauten in Genua und Heringsdorf.
1894	28f.	R. Dyckerhoffs Bericht über Versuchsbeginn.
1895	103f.	Kommissionsbericht R. Dyckerhoffs. Weitere Erfahrungen Sympfers.
1896	84f.	Kommissionsbericht R. Dyckerhoffs. Stahl über die Kieler Versuche. Toepffer über Meerwasserversuche.
1896	123f.	Passow über Kohlensäureeinwirkung.
1897	58f.	Kommissionsbericht R. Dyckerhoffs: Arbeitsprogramm. Ergebnisse der Vorversuche.
1897	205f.	Anhang V. Candlot: Die Einwirkung von Meerwasser auf Mörtel.
1897	227f.	Bilder des Hafens von Oette und Marseille.
1899	45f.	Kommissionsbericht R. Dyckerhoffs.
1899	151f.	Michaelis über seine Quellungstheorie.
1900	58f.	Kommissionsarbeit R. Dyckerhoffs und Schlußfolgerungen.
1901	62f.	Kommissionsbericht R. Dyckerhoffs.
1902	64f.	
1903	104f.	Kommissionsbericht R. Dyckerhoffs.

Jahrg.	Seite	
1903	119f.	Michaelis über Wassererhärtung und Kohlensäureeinwirkung.
1904	81f.	Kommissionsbericht R. Dyckerhoffs.
1905	56f.	Kommissionsbericht R. Dyckerhoffs.
1905	141f.	Michaelis über die inneren Spannungen bei der Erhärtung im Meerwasser.
1906	63f.	Kommissionsbericht R. Dyckerhoffs.
1907	57f.	Kommissionsbericht R. Dyckerhoffs: Die zehnjährigen Prüfungsergebnisse und chemischen Analysen.
1908	65	Kommissionsbericht R. Dyckerhoffs: Zemente mit verschiedenem Schwefelsäuregehalt im Seewasser.
1908	73	Cabolet über die Quellung im Seewasser.
1909	111f.	Kommissionsbericht R. Dyckerhoffs: Zemente mit verschiedenem Schwefelsäuregehalt.
1910	123f.	Foß: Zement im Meerwasser (Poulsens Versuche).
1910	174f.	Kommissionsbericht R. Dyckerhoffs und Goslichs.
1911	211f.	Kommissionsbericht Goslichs.
1911	219f.	Schott: über amerikanische Versuche.
1911	226f.	Framm: Beton mit verschiedenem Gipsgehalt im Meerwasser.
1912	164	Kommissionsbericht Goslichs.
1913	112f.	Kommissionsbericht Goslichs: Versuche auf Helgoland, Schüttbeton.
1914	75f.	Untersuchung der Sylter Betonproben.
1914	116f.	Kommissionsbericht Goslichs.
1919	30f.	Endell: Über tonerdereiche Zemente.
1919	59f.	Gary: Bericht über die Endergebnisse der Versuche der Meerwasserkommission.
1921	40f.	Strebel: Über das Verhalten von Zementen in Gipslösungen.
1924	195f.	Zimmermann: Über die Einwirkung von Magnesiumsulfatlösung auf Mörtel und Beton.
1926	130f.	Biehl: Der Tonerdezement, seine Herstellung, Eigenschaften und Anwendung im Bauwesen.

5. Technologic Papers of the Bureau of Standards Washington.

Jahrg.	Nr.	
1913	12	Bates, P. H., A. J. Philipps u. R. J. Wig: Action of the salts in alkali water and sea water on cements.
1917	95	Wig, R. J., u. G. M. Williams: Durability of cement drain-tile and concrete in alkali soils (containing results of third years tests). [Ref. im Zement Nr. 9, S. 100 (1920).]
1922	214	Williams, G. M.: Durability of cement drain-tile and concrete in alcali soils.
1926	307	Williams, G. M., u. Irving Furlong: Durability of cement drain-tile and concrete in alcali soils.

6. Bureau of Standards Journal of Research.

Jahrg.	Nr.	Seite	
1929	54	715	Lerch, W., F. W. Ashton u. R. H. Bogue: The sulphoaluminates of Calcium.

7. Structural materials research Laboratory (Lewis Institute).

Bulletin 7.		Abrams, Duff A.: Wirkung von Gerbsäure auf die Festigkeit von Beton.

8. Bauingenieur.

Jahrg.	Nr.	Seite	
1920	1	12	Petry: Einwirkung von Säuren und Salzen auf Beton. Dazu Zuschrift Nr. 4, S. 127 (1920).
1920	11	338	Petry: Einwirkung von Öl auf Beton.
1924	15	483	Hummel: Zum Verhalten des Tonerdezements gegenüber chemischen Angriffen.
1925	5	179	Probst: Die Sulfatbeständigkeit von Tonerdezementbeton.
1925	8	284	Mohr: Über die Einwirkung von Ammoniaklösungen auf Beton.
1925	25	760	Buer: Zur Frage der Einwirkung von Säuren auf Beton.
1925	8	294	Goebel: Zerstörung von Betonbauten durch chemische Angriffe und konstruktive Abwehrmaßnahmen.
1926	10	191	Grün: Die Zerstörung frischen Betons durch salzhaltiges Wasser.
1927	31/32	595	Guttmann: Neuere praktische Erfahrungen und Versuchsergebnisse an Eisenportlandzementen.
1928	31/32	555	Graf: Aus Versuchen über das Verhalten von Zementmörtel in angreifenden Flüssigkeiten.
1928	18	307	Grün: Über Betonschutz.
	50	350	

9. Verschiedenes.

Jahrg.	Nr.	Seite	
1841			Vicat: Nouvelles études sur les puzzolanes artificielles.
1845			Ravier: Annales de ponts et de chaussées.
1851			Vicat: Recherche sur les causes chimiques de la déstruction des composées hydrauliques par l'eau de mer. — Annales de ponts et de chaussées.
1852			Vicat: Annales de ponts et de chaussées.
1859			Rivot: Comptes rendus.
1886	89	682	Candlot: Bulletin d'encour [Ref. in Tonind.-Zg. Nr. 16, S. 891 (1886).]
1890			Feret: Annales de ponts et de chaussées (September).
1892			Alexandre: Annales de ponts et de chaussées (Juli).
1895			Rivot: Annales de mines.
1895		493	Sympfer: Zeitschrift für angewandte Chemie.
1896	3, 4, 5		Candlot: Le Ciment.
1898		519f.	Nandor: Zeitschrift des Vereins österreichischer Ingenieure und Architekten.
1900			Le Chatelier: Kongreß der Untersuchung der Baumaterialien, Paris 1900 [Ref. in Tonind.-Zg. Nr. 25, S. 1281 u. 1332 (1901).]
1900		96	Deval: Bulletin de la Société d'encour [Ref. in Tonind.-Zg. Nr. 26, S. 1081 (1902)].
		101	
		784	
1900	32	158	Rebuffat: Gaz. chim. it.
1900		23	Rebuffat: Ciment [Ref. in Tonind.-Zg. Nr. 26, S. 1793 (1902)].
1901			Maynard: Kongreß des Internationalen Verbandes für Materialprüfung, Budapest.

Jahrg.	Nr.	Seite	
1901			Le Chatelier: Kongreß des Internationalen Verbandes für Materialprüfung, Budapest.
1903			Rohland: Der Portlandzement vom physikalisch-chemischen Standpunkt. Leipzig: Quandt & Händel.
1903	11	432-448	Meyer: Buletinal sociétutic de Sciinte Bucureşti [Ref. in Tonind.-Zg. Nr. 27, S. 132 (1903)].
1906		371	Gary: Mitteilungen des Materialprüfungsamtes.
1909		310	Gary u. Schneider: Mitteilungen des Materialprüfungsamtes.
1909		566	Potter: Zement-Beton.
1909		149	Lang: Zement-Beton.
1909			Poulsen: Zement im Meerwasser. Kopenhagen, Gad.
1913	14		Schäfer: Bauwelt.
1913	16		Scheelhase: Zeitschrift des Architekten- und Ingenieurvereins.
1913		5	Bericht der Prüfungsanstalt deutscher Eisenportlandzementwerke.
1913	21		Aberthaw: Engineering News 20.
1915		231f.	Rodt: Mitteilungen des Materialprüfungsamtes.
1916	22		Guttmann: Zeitschrift Kali.
1916	9	307f.	Nitzsche: Armierter Beton.
1917	11	689	Wig u. Ferguson: Reinforced concrete in Sea-Water, Engg. News.
1919		370	Thompson, H. M.: The physical properties of mortars and concrete. Builder B 117.
1919	3/4	132f.	Burchartz: Schlußbericht über das Verhalten von hydraulischen Bindemitteln in Seewasser. Mitteilungen aus dem Materialprüfungsamt zu Berlin-Lichterfelde-West.
1920	17		Splittgerber: Zerstörung von Zementrohren und Mauerwerk. Wasser und Gas.
1920	19		Die Einwirkung von Ölen auf Beton und Schutzmaßregeln für Betonölbehälter. Mitteilungen der Deutschen Bauzeitung mit (Literaturverzeichnis).
1921	3		Marino u. Ferrari: Das Verhalten kalkhaltiger Bindemittel in See- und Salzwasser. Il Cemento.
1922	49		Gary: Beton in sauren Grundwässern. Veröffentlichung des Deutschen Ausschusses für Eisenbeton.
1922			Furlong: Die Einwirkung von Alkalisalzen auf betonierte Straßen und auf Backsteingebäude. Engg. News Rec., Juli 1922.
1923	1		Atwood u. Johnson: Zerstörung von Zement im Meerwasser. Proc. Am. Soc. Civ. Engs.
1923	6	1038f.	Zerstörung von Zement im Seewasser. Proc. Am. Soc. Civ. Engs. (Literaturverzeichnis.)
1926		549	Baylis: Corrosion of concrete. Proc. Am. Soc. Civ. Engs. April.
1926			Miller: Verhalten von Tonerdezementen in Sulfatwasser. Concrete. April.
1927	9	203f.	Miller, G.: Die Einwirkung schwefelsaurer Salze auf Beton. Public Roads Bd. 8.

Jahrg.	Nr.	Seite	
1927		145f.	Lafuma: Einwirkung schwefelsaurer und Seewasser auf Zemente. Rev. des Mat. de Constr. et de Trav. publ.
1927		343f.	Einfluß von Sulfaten auf die Mörtel verschiedener Zemente. Le Ciment.
1928			Wilson u. Cleve: Portl. Cement association, Chicago.
1928	36	382	Nagai: Action of Dilute acid Solution on various cement
	37	281	mortars, I u. II. Journ. of the Japan. Ceram. Association.
1929	32	784	Nagai: Studies on acid-proof Cement mortars, I, II, III.
	32	814	Journ. of the Soc. of Chem. Ind., Japan.
	32	985	
1929	32	1177	Nagai: Action of Dilute acid solution on mixed Portl. cement mortars. Journ. of the Soc. of Chem. Ind., Japan.
1929	42	1070f.	Grün: Aufbau und chemische Widerstandsfähigkeit des Betons. Z. angew. Chem.
1929		273f.	Thorvaldson, Wolchow u. Vigfusson: Untersuchungen über die Wirkung von Sulfaten auf Portlandzemente. Canadian J. Res., Sept. 1929.
1929		36f.	Thorvaldsen u. Grace: Die Hydratation der Kalziumaluminate. Canadian J. Res., Mai 1929.
1929			Williams: Disintegration of Concrete. Journ. of the Am. Concr. Inst. September; Proceedings Vol. 26. p. 41.
1931	12	64f.	Miller u. Manson: Publ. Roads.
1931	34	536	Nagai: Studies on Acid-proof cement mortars IV. Journ. of the Soc. of chem. Ind., Japan.
1931			Probst u. Dorsch: Neuere Untersuchungen über die Einwirkung chem. aggr. Lösungen auf Zement und Mörtel. Forschber. d. Techn. Hochsch. zu Karlsruhe, Mai.
1931	1	1	Tremper: The Effect of acid waters on Concrete. Journ. of the Am. Concr. Institute. Vol. 3.